曲同宝 编著

净化空气

植物大图鉴

天津出版传媒集团

 天津科技翻译出版有限公司

图书在版编目（CIP）数据

净化空气植物大图鉴 / 曲同宝编著 . 一 天津 ： 天津科技翻译出版有限公司，2020.5
ISBN 978-7-5433-3952-1

Ⅰ．①净… Ⅱ．①曲… Ⅲ．①观赏园艺－图集 Ⅳ．① S68-64

中国版本图书馆 CIP 数据核字（2019）第 154313 号

净化空气植物大图鉴
JINGHUA KONGQI ZHIWU DA TUJIAN

曲同宝　编著

出　　　版：天津科技翻译出版有限公司
出 版 人：刘子媛
地　　　址：天津市南开区白堤路 244 号
邮政编码：300192
电　　　话：（022）87894896
传　　　真：（022）87895650
网　　　址：www.tsttpc.com
印　　　厂：深圳市雅佳图印刷有限公司
发　　　行：全国新华书店
版本记录：787mm×1092mm　16 开本　18 印张　150 千字
　　　　　2020 年 5 月第 1 版　2020 年 5 月第 1 次印刷
　　　　　定价：49.80 元

目录·CONTENTS

第1章 天然的空气净化器

第2章 30种能监测空气的植物

第3章　73种能吸收空气中有毒物质的植物

第4章 32种能活氧杀菌的植物

第1章

天然的空气净化器

空气污染是现代人面临的一大难题，它在无声无息地危害着我们的健康。而植物是天然的"环境卫士"，看似平常，却蕴含着惊人的净化空气的能力。

危害人体健康的
"隐形杀手"

随着社会经济的高速发展，现代人的生活水平不断提高，环境问题受到越来越多的关注。雾霾的出现让人们意识到，很多存在于空气中且肉眼不可见的"隐形杀手"正在悄无声息地威胁着我们的健康。有关调查指出，空气中的污染物多达上百种，主要可分为三大类，即物理污染、化学污染和生物污染。

物理污染

物理污染是由物理因素引起的环境污染，例如噪声、振动、红外线、放射性辐射、强烈的光线等。其中最典型的是可吸入颗粒物，如雾霾的重要组成部分——PM2.5。

PM2.5是直径小于等于$2.5\mu m$大于$0.1\mu m$的细颗粒物，它能够长时间地悬浮于空气中，活性较强，扩散快，影响范围大，且易附带一些重金属、微生物等有害物质。一旦被人体吸入，可直接进入支气管和肺泡，干扰肺部气体的交换，使机体处于缺氧状态，进而引发哮喘、支气管炎和心血管方面的疾病。2013年世界卫生组织发布报告，确认PM2.5为环境致癌物。

化学污染

化学污染是由人类活动或人工制造的化学品进入环境后造成的环境污染，包括有机物和无机物污染，还有许多是化学品散发于空气中的有害气体造成的污染。人

的一生几乎有2/3的时间是在室内度过的，而现代建筑在装修时选用的材料，都会不可避免地散发出一些对人体有害的化学气体，例如甲醛、苯、一氧化碳、二氧化硫等，这对人体健康而言无疑是一种伤害。

生物污染

生物污染主要是由致病微生物及其他有害生物体引起的环境污染。人们在日常生活中常接触到的生物污染物包括真菌、花粉、尘螨、细菌、病毒等。真菌会直接影响人体的呼吸系统和消化系统，花粉与尘螨极易引起过敏性疾病，而细菌和病毒则会引发各种传染性疾病。

有调查显示，室内空气污染比室外空气污染对人体的危害更大。继"烟煤污染"和"光化学烟雾污染"之后，现代人正在步入以"室内环境污染"为标志的第三个污染阶段，防治空气污染刻不容缓。

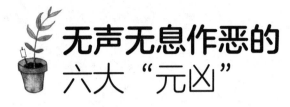

无声无息作恶的
六大"元凶"

有调查显示，现代人平均有90%的时间在室内度过，而老人、儿童处于室内的时间更长。室内空气质量的好坏直接影响着人们身体的健康。近年来，室内空气污染问题越来越受到大家的重视，其中，甲醛、苯、氨、TVOC、氡、电磁辐射是最臭名昭著的六大"元凶"。

无孔不入的致癌气体——甲醛

在居家环境中，甲醛是广泛存在的一种污染物。它的化学分子式为HCHO或CH_2O，无色，但有着强烈的刺激性气味，达到一定浓度时，人体就会感到不适。甲醛有很强的还原作用，容易发生缩合反应和聚合反应，常被用于制成各种黏合剂。刚装修好的房子和新买的家具很容易挥发出甲醛，有些甚至一年时间都挥散不去，造成严重的空气污染。

❧ 甲醛的来源

① 装修材料，例如墙砖、墙纸、油漆、涂料、黏合剂以及各类人造家居板材。

② 纺织品，例如床上用品、窗帘、化纤地毯和布艺家具等。

③ 烟，例如人们吸烟产生的烟雾、汽车尾气等。

④ 各类化工产品，例如化妆品、清洁剂、消毒剂、杀虫剂、印刷油墨、纸张等。

甲醛的危害

A.刺激作用：主要表现在对皮肤黏膜的刺激，它能与蛋白质结合并使其凝固。当人们吸入高浓度的甲醛后，呼吸道就会受到严重刺激，并发水肿、眼刺激、头痛等，还有可能会诱发支气管哮喘等疾病。

B.致敏作用：皮肤直接接触甲醛就会引起过敏性皮炎、色斑、皮肤坏死等症状。

C.致突变作用：有实验证明，动物吸入高浓度的甲醛会引发鼻咽肿瘤，所以高浓度的甲醛是一种基因毒性物质。

D.突出表现：不只是高浓度的甲醛危害大，如果长时间吸入低浓度的甲醛也会导致一系列不适症状，例如头痛、头晕、恶心、乏力、眼痛、心悸、失眠、记忆力下降和自主神经功能紊乱等。孕妇长期吸入可能会导致胎儿畸形，甚至死亡。男子长期吸入可导致精子畸形、成活率低。

甲醛浓度对人体的影响

当空气中的甲醛浓度达到$0.06 \sim 0.07mg/m^3$时，就会有臭味产生，儿童会发生轻微气喘；浓度达到$0.1mg/m^3$时，人们就会感觉到头晕、喉咙开始不舒服；浓度达到$0.5mg/m^3$时，眼睛会有刺痛感、流眼泪；当浓度达到$0.6mg/m^3$或更高，就会引发恶心、呕吐，甚至肺部水肿；浓度达到$30mg/m^3$时，会立即致人死亡。调查研究显示，甲醛还可诱发白血病、鼻咽癌、结肠癌、脑癌等多种癌症。2017年世界卫生组织国际癌症研究机构已将甲醛列入致癌物清单中，属一级致癌物。

造血系统和神经系统的破坏者——苯

苯的化学分子式为C_6H_6，常温下是一种无色透明液体，味道不似甲醛般刺鼻，而是带有特殊的芳香气味。苯难溶于水，易溶于有机液体，如乙醇、乙醚、丙酮或四氯化碳等，易挥发，易燃烧。苯的同系物还有甲苯、二甲苯等，都是从煤焦油或石油中提取的。

苯的特性使其不能直接用于工业制造中，现代室内装修过程中通常都用甲苯、二甲苯来替代苯，用于制作各种类别的胶、油漆、涂料和有机材料的有机溶剂或稀释剂。苯已然是一种现代室内空气中除甲醛外存在最为广泛的一种污染物。

❧ 苯的来源

空气中的苯多存在于新装修的房子内，主要来源于建筑装饰中使用的大量化工原材料。

① 油漆、涂料及相关的各种添加剂和稀释剂，苯和同系物甲苯、二甲苯等是这些制剂不可或缺的溶剂。

② 各种各样的胶黏合剂，尤其是溶剂型黏合剂，因成本低、黏性好，所以在装饰行业有一定的市场，但这类黏合剂中苯含量一般都在30%以上。

③ 防水涂料，尤其是一些以原粉和配制剂制成的防水涂料，有实验证明，房间涂上这类涂料15小时后，室内空气里的苯含量为国家允许最高浓度值的14.7倍，远远超标。

④ 复合木地板、化纤地毯、日用化学品、汽车尾气等。

🌿 苯的危害

A.苯易挥发，在空气中扩散较快，可通过呼吸进入人体内后形成苯酚，引起苯中毒。短时间内处于受到苯污染的空间内，会造成人体中枢神经系统麻痹，使人出现头晕、头疼、恶心、胸闷、心率加快、身体乏力、神志不清、昏迷等症状。

B.人如果长时间接触高浓度的苯，身体的造血功能就会受到抑制，影响红细胞、白细胞、血小板等生成，引发再生障碍性贫血，甚至是白血病。国际癌症研究中心已确认苯及其化合物为致癌物质。

C.女性吸入过量的苯会导致月经不调、卵巢缩小；孕妇吸入后会导致胎儿延迟发育、重量不足，甚至畸形等，自然流产的概率也会提高。

降低人体抵抗力的刺激性气体——氨

氨的化学式为NH_3，是一种无色、有强烈刺激性气味的气体。较空气轻，易溶于水，其水溶液称之为氨水。氨常被用于制作氮肥、制冷剂、硝酸、纯碱、塑料、染料、合成纤维、尿素等工业原料。氨的形态不稳定，释放期短，一旦造成空气污染，也不会长时间聚积，小空间内含有高浓度氨的时间相对来说也会较短，人体吸入不会过多，但也不可忽视。

❧ 氨的来源

❶ 建筑施工过程中使用的混凝土外加剂，尤其是冬季施工时为防止凝固过快添加的防冻剂，或为提高凝固速度而使用的膨胀剂和早强剂，前者通常以尿素或氨水为制作原料，后者常用到强碱。用该类含有外加剂的混凝土建成墙体，里面的氨就会随着温度、湿度等环境因素发生改变而恢复到气态，造成室内空气的污染。

❷ 室内装修材料，例如家居涂料的添加剂、增白剂等，多由氨水制成。

❸ 厕所里的臭气，生活异味等。

❧ 氨的危害

A.氨对人的眼睛、喉咙、上呼吸道等都具有很强的刺激作用。进入人体内遇水会生成氨水，进而溶解组织内的蛋白质，与脂肪发生皂化反应，破坏各种酶的活性，引发中毒。轻者会出现皮下出血、呼吸道分泌物增多、肺水肿等；

重者会出现喉头水肿、喉痉挛，甚至是呼吸困难、意识不清、休克等。

　　B.由于氨是一种碱性物质，穿透性较强，能够腐蚀人体的上呼吸道，降低人体对疾病的抵抗能力。如果人长时间处于高浓度氨污染的环境内，会影响三叉神经作用，导致心脏骤停或呼吸停止。

　　C.如果氨气进入肺部，很容易穿破肺泡抵达血液中，同血红蛋白相结合，损坏运氧功能。短时间内吸入大量氨气，人体就会出现流眼泪、咽喉肿痛、恶心、呕吐等症状。

因为氨有一定的腐蚀性，如果皮肤不小心沾染上，可立即用清水或 1%~3% 浓度的硼酸水彻底清洗；如果是眼睛受到刺激，应先用 1%~3% 浓度的硼酸水冲洗，然后滴入抗生素眼药水。

可导致人体免疫力失衡的污染物——TVOC

　　TVOC是Total Volatile Organic Compounds的简称，意思是总挥发性有机化合物，即在常温条件下以气体形式存在的有机物。TVOC是影响室内空气质量的三种有机污染物（即多环芳烃、挥发性有机物和醛类化合物）中影响较为严重的一种，成分复杂，包括苯类、烯类、醇类、芳烃类、酮类等。世界卫生组织、美国国家科学院、美国国家研究理事会等机构一致强调TVOC是一种重要的空气污染物。

❧ TVOC 的来源

　　❶ 室外的TVOC多来源于燃料的燃烧和交通工具排放出的废气。

　　❷ 做饭时燃烧的天然气，供暖设施排放的烟雾，烟草的不完全燃烧，家用电器、家居等。

　　❸ 室内装修材料，例如油漆、涂料、黏胶、壁纸、人造板材、泡沫隔热材料、塑胶板材、PVC地板、地毯、化纤窗帘等。

❧ TVOC 的危害

　　A.当人体处于TVOC浓度较高的环境中时，身体免疫力会下降，中枢神经系统功能会受到影响，可产生眼睛不适、头晕、喉干、呼吸不畅、疲乏、心情烦躁等症状。

　　B.人体吸入过多的TVOC还有可能使消化系统受到影响，引起恶心、呕吐、食欲缺乏、厌食等症状。

　　C.如果人体长时间处于高浓度的TVOC环境中，则会引起人体的中枢神经系统、肝脏、肾脏及血液中毒，引发呼吸急促、胸闷、哮喘、记忆力减退等症状。TVOC甚至会全面损害人体的内脏、神经系统、造血系统等。

　　D.由于儿童大部分时间都处于室内，所以TVOC对儿童的危害时间最长，

对其造成的伤害也会比成人严重得多。研究表明，长期处于TVOC污染严重的环境中的儿童，患哮喘和血液性疾病的概率会增加，甚至会影响智力和身高的健康发育。室内空气污染对儿童的危害不容忽视。

　　E.国家室内装饰协会室内环境监测中心表明，汽车内空间的TVOC污染情况也很严重。由于车内空间比房间要小，一旦遭到污染，对人体的伤害会更大。

Tips 当室内空气中的TVOC浓度达到$3mg/m^3$时，人体就会开始出现不适。国家颁布的《住宅设计规范》已明确规定一类建筑内的TVOC浓度不可超过$0.5mg/m^3$。

可诱发癌症的放射性气体——氡

常温环境下的氡是一种无色无味的气体，具有放射性，化学性质不活泼，却能溶于脂肪。氡的重量较空气重，常悬浮于距地面不到1米的空气中，故对儿童的危害较大。氡是人们在日常生活中能够接触到的唯一一种放射性气体污染物。

氡的来源

① 室外空气中就存在氡，会随着空气流动进入室内。

② 房屋地基下的土壤里氡的浓度较高，土壤产生裂缝或岩石发生断裂就会使其中的氡透过地表向上扩散至房间里。

③ 有研究证明，地下水里氡的浓度高达104bq/m³（bq即贝克，为放射性物质的放射性活度的通用计量单位），会随着地下水的运动慢慢扩散，渗透至地面。污水坑、下水道等氡的含量都较高。

④ 天然气或液化气的燃烧也会释放出氡气。

⑤ 建筑材料和室内装修材料，例如瓷砖、混凝土、石材等，皆含有一定量的放射性元素，可衰变成氡气，浮于室内空气中。

氡的危害

A.氡可释放出能够诱发癌症的放射性射线，进入体内易与脂肪相结合，扩散至各种组织、神经系统、内脏、血液中，破坏甚至诱发细胞癌变。

B.长期处于中低浓度氡污染的环境中，易诱发肺癌。尤其是吸烟者，患肺癌的概率会大大增加。在许多国家，氡被定义为导致肺癌的第二种重要病因。

C.由于放射性射线穿透力很强，不但会对人体细胞基质造成伤害，甚至会影响人的后代。

D.科学研究表明，人体若长时间受到较高水平的氡的放射影响，呼吸系统、血液循环系统、免疫系统等都会受到损伤，造成血细胞和血小板减少，易诱发肺癌、白血病、基因遗传损伤等疾病。

Tips

从 1995 年到 2004 年，我国颁布了一系列关于控制室内氡浓度标准的法案。《民用建筑工程内部环境污染控制规范》规定：Ⅰ类民用建筑（住宅、医院、老年建筑、幼儿园、学校教室等）氡浓度限量 ≤ 200bq/m³；Ⅱ类民用建筑（办公楼、商店、旅馆、图书馆、展览馆、体育馆、公共交通等候车室、餐厅、理发店等）氡浓度限量 ≤ 400bq/m³。

穿透力极强的致病因素——电磁辐射

电磁辐射是一种将能量以电磁波形式发散到空间中的物理现象，而能量主要依靠电荷的移动而产生。生命体的活动带有很多生物电，这使得人体对电磁辐射较为敏感，在一定程度上甚至会造成身体的损伤。能够影响人类生活的电磁辐射主要有两类，即天然电磁辐射和人为电磁辐射。由于科技的发展，电磁辐射可谓无处不在，其产生的污染正渐渐变得严重。

电磁辐射的来源

① 大气中的一些自然现象，例如打雷、闪电等，除此以外还有来自太阳或地球的热辐射。

② 处于工作状态的一些电器，例如电磁炉、微波炉、电脑、手机、冰箱、空调、音响、鱼缸水泵等。

电磁辐射的危害

A.有研究指出，人体受到2mG（毫高斯）以上的电磁辐射就会出现不良反应，例如眼部肿胀充血、流鼻涕、咽喉肿痛等，皮肤会长荨麻疹、湿疹等，会感到瘙痒不适。

B.如果人长时间在充满电磁辐射的环境中生活，人体的免疫系统、血液循环系统、神经系统和新陈代谢等都会受到影响，会感到体虚无力、头晕头痛、失眠多梦、精神状态不佳等。电磁辐射会使淋巴、血液等细胞原生质发生变化，诱发糖尿病、白血病、心血管疾病、癌突变等疾病。

C.电磁辐射会对人体的生殖系统造成影响，具体表现为男子精子质量下降、孕妇流产及胎儿畸形等。

D.儿童受到电磁辐射的影响会出现智力发育障碍、肝脏造血功能异常等。

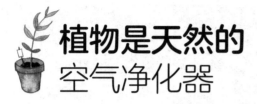

植物是天然的
空气净化器

现在，我们已经知道空气污染会对我们的健康造成多大的不良影响，但大多污染都是肉眼不可见的，我们怎样才能发现、监测污染？有什么办法可以降低或消除这些污染？答案当然是肯定的，且不需要花大价钱去请专业人士或购入专业器械，利用一些常见的花草植物就可以做到居家环境的监测与净化。

监测空气

近些年来，随着环境科学的发展，人们逐渐发现一些植物在接触到污染物时会产生相应的变化。我们可以在庭院或家中种植一些反应灵敏的植物，利用它们监测空气中有无污染物，如果污染物浓度过高，它们还会发出"警报"哦！

二氧化碳

二氧化碳是温室气体重要的组成部分。二氧化碳浓度过高会导致人呼吸不畅、意识混沌，影响反应力和决策力。很多植物对二氧化碳反应较灵敏，例如秋海棠、牵牛花、矢车菊、万寿菊、非洲菊、彩叶草、美人蕉等，当环境中二氧化碳的浓度超过一定标准时，它们的叶脉会变黄，叶片会出现褐绿色水渍斑点。

含氮化合物

含氮化合物是空气中的主要污染物之一，人体吸入过多会影响新陈代谢，抑制或破坏体内酶的活性，阻碍机体生长和发育。当空气中含氮化合物浓度超出标准时，鸢尾、杜鹃、矮牵牛、扶桑等植物的叶脉会出现白色或褐色大小不一的斑点，叶片会提早凋落。凤仙、香石竹、蔷薇、报春花、大丽花、金鱼草等植物的幼叶背部会变为古铜色，上部叶片尖端干枯呈白色或黄褐色，朝下弯曲生长。

臭氧

低浓度的臭氧可用于消毒，但人体吸入过多，会导致咽喉肿痛、咳嗽、胸闷、头晕、头疼、视力下降等症状。当空气中臭氧含量过高时，秋海棠、矮牵牛、香石竹、万寿菊、三色堇等植物的叶片表面会呈蜡状，并长有褐绿色斑点。有些会出现红、紫、黑、褐等颜色的变化，叶片提前凋落。

氟化氢

人体吸入过多的氟化氢会造成急性中毒，可破坏眼部和呼吸道黏膜，诱发支气管炎。氟化氢对植物有较大毒性，当浓度超过一定量时，仙客来、唐菖蒲、鸢尾、美人蕉、郁金香、风信子、枫树等植物的叶片尖端至边缘部分会开始枯萎，呈褐色或黄褐色，且提前凋落。

氯气

人体长期吸入氯气会造成呼吸系统的损伤，当其浓度过高时，秋海棠、百日草、郁金香、蔷薇、枫树等植物的叶脉会出现白色或黄褐色的斑点，叶片会迅速凋落。

净化空气

在日常生活中，许多植物具有净化空气的功能。众所周知，植物能吸收二氧化碳并释放氧气，对于现代科技所带来的一些化学污染物，植物也能将其吸收和净化，让我们周围的空气质量变得更好，减轻或去除空气污染对人体健康造成的损害。那么，植物是怎样净化空气的呢？

❶ 绿色植物通常都有着较强的吸收、聚集、分解和转化的功能，可以说它们本身就是一个复杂的"化学工厂"，体内一直在进行着各种各样的生理反应。当植物吸收了其体内不需要的污染物质，它们就会通过酶将其分解成自身所需要的营养物质，有效降低空气中的污染物浓度，例如绿萝就能吸收空气中的甲醛。

❷ 白天，植物靠光合作用来获取能量，吸收二氧化碳，释放氧气，净化空气。（到了晚上，植物无法进行光合作用，就会进行呼吸作用，吸收氧气，释放二氧化碳。因此，卧室中摆放的植物要有所选择，不宜摆放过多。）

❸ 一些植物的叶片面积大，表面粗糙或密被针刺，甚至会分泌油脂。这种植物就可吸滞粉尘，降低空气中可吸入颗粒物的浓度，例如金叶女贞、芦荟、常春藤等。

❹ 有关研究表明，许多植物还能分泌出杀菌物质，能够在较短的时间内把空气中的细菌、真菌和原生生物杀死，甚至抑制细菌的生长和繁殖，例如白掌、龟背竹、吊兰、铁线蕨等。

　　一般来说，新装修好的房子其空气污染最为严重，前文提到的"六大元凶"都有可能出现，那么，单凭植物就可以降低或消除掉空气中的这些污染物吗？

　　研究发现，吊兰能吸收空气中85%的甲醛和95%的一氧化碳；垂叶榕可有效吸收甲苯和甲醛；蜀葵是硫化氢、氟化氢等有害气体的克星；鸡冠花可吸收放射性元素，对付氡气不在话下；仙人掌、仙人球一类的植物摆在电器附近吸收辐射再好不过……

　　因此，在庭院、房间中种植或摆放一些美丽的绿色植物，不仅能起到观赏作用，还能吸收净化空气中的污染物，守护家人的健康。

不同空间
如何选择植物

　　植物能净化空气，让我们的呼吸不受污染的侵害，是我们健康生活的"保护神"，那么不同的空间应该选择什么类型的植物呢？庭院和室内摆放的植物功能一样吗？其实，不同的空间有不同的污染源，我们应该"对症"摆放适合的植物。

庭院

　　处于室外的庭院大多靠近人来人往的街道，街上的汽车尾气是很重要的一个污染源。它主要由一氧化碳、二氧化碳、氮氧化合物、硫氧化合物、铅及固体悬浮微粒组成。除此之外还有噪声、粉尘等污染。适当种植一些植物可有效降低这些污染。

　　❶　能够强效吸收汽车尾气的植物有常春藤、半枝莲、月季、菊花、绿萝、苏铁、大岩桐、梅树、美人蕉等。

　　❷　能够强效吸滞粉尘的植物有金叶女贞、菊花、冷水花、栀子花、君子兰、橡皮树等。

　　❸　有降低噪声效果的植物有鹅掌柴、海桐、桂花、龙柏、侧柏等。

客厅

　　客厅是一家人休息放松及招待亲朋好友的地方，也是最能体现一个家庭的审美情趣的地方。在选择摆放的植物时，不能只简单地要求美观性，还应考虑到该植物对家人或客人的身体健康是否有影响。

　　❶　一般来说，客厅比家中的其他房间人流量大，人们进出时会携带很多悬浮颗粒物及微生物，所以应摆放一些有吸滞粉尘和杀菌功效的植物，例如兰花、竹芋、紫罗兰、常春藤等。

　　❷　客厅作为一家人休息娱乐的地方，家电设备的摆放也比较集中，所以应适当增加一些可以吸收电磁辐射的植物，例如仙人掌、仙人球等。

　　❸　就美观装饰而言，由于客厅的面积较大，可以适当选择一些大型盆栽花卉作为主要景观，辅以其他中小型盆栽花卉作为搭配，这样就能达到装饰房间、净化空气的双重效果。

　　❹　可以根据四季的变化来更换植物，营造温馨、舒心的家庭空间。

卧室

　　人的一生有1/3的时间是在睡眠中度过的，因此卧室的温馨舒适和空气清新尤为重要。卧室中摆放的植物不仅要有装饰功能，最好还能净化空气。

　　❶　卧室的空间一般较小，而大部分植物夜间会进行呼吸，释放二氧化碳，所以不宜摆放过多。如果卧室中摆放过多的绿色植物，人们夜间又习惯于关闭门窗，就会导致空气不流通，二氧化碳浓度过高，从而影响睡眠质量。但也有部分植物是在夜间吸收二氧化碳、释放氧气的，例如景天科的多肉植物虎皮兰、君子兰等。

　　❷　营造温馨舒适的卧室环境，气味也是很重要的一部分。在植物的选择上应避免那些会散发出强烈气味的植物，例如有浓郁花香的百合，可提神醒脑的小桉树等。一些长刺的植物，例如仙人掌也要少摆放，以免因夜晚光线暗而不小心遭到误伤。

　　❸　卧室中应多选用小盆栽，这样不易造成空间的拥挤感。为了让卧室保持整洁，选用培养土时可用水苔代替土壤。部分朋友比较喜欢吊兰一类的悬挂盆栽，这时就需要调整摆放的位置，以免水往下滴落弄湿床铺。

书房

　　书房是阅读、书写以及学习的地方，同时也是办公环境的一个延续。在装修风格上要给人以宁静、沉稳的感觉，这样人在其中才不会心浮气躁。适当放置一些植物，不仅可以美化空间，植物带有的特殊清香气味也会令人心旷神怡。

　　❶　总的来说，书房摆放植物的原则是宜少不宜多，用两三盆做点缀即可。所选植物可结合书房使用者的工作特点、兴趣爱好，例如从事教育、科研行业的人可以摆放梅、兰、竹、菊等古人较为推崇的雅致花草。

　　❷　从植物功效上看，书房中的花草应具有生命力顽强、净化空气、美观三大功效。生命力顽强的植物一般根茎粗壮，枝繁叶茂，给人一种生机勃勃的感觉，置于书房中有调节气氛、增强气场的作用，例如菖蒲、观音竹等。能够净化空气的植物可吸收空气中对人体有害的物质，使人可以长时间安心处于书房中，例如富贵竹、常春藤等。外形美观的观赏类植物有很多，例如观赏凤梨、非洲堇、翡翠珠、玉簪等。

　　❸　需要注意的是，书房是让人专心致志读书、学习的地方，不宜摆放气味过于浓郁的绿植，以免扰乱心神。

厨房

开门七件事，柴米油盐酱醋茶，"吃"在人们心目中的地位可见一斑，而制作吃食的厨房在人们日常生活中的使用率可谓相当高。但做饭时总有很多油烟味，除了使用抽油烟机，摆放几盆花草也有利于厨房空气质量的改善哦！

① 由于厨房的面积较小，同时又有很多橱柜、炊具等厨房用具，所以在摆放植物时宜少不宜多，宜简不宜繁，宜选择一些小型的盆栽，例如吊兰，将其悬挂于墙壁上，不占空间又能很好地吸收厨房里的一氧化碳、二氧化硫等有害气体。

② 厨房的温度与湿度一般比其他房间要高些，且会有比较大的变化，应选择适应性较强的盆栽植物，例如万年青、冷水花、黄金葛等，注意不要太靠近煤灶、天然气管道等燃火点。

③ 可在窗台等地栽种些葱、蒜、小白菜等蔬菜类植物做装饰，这类植物一般好养，美化环境的同时还非常实用。

④ 因为厨房的油烟味较重，摆放的绿植难免会沾染上油渍，所以要记得定时给它们"洗澡"哦！

餐厅

餐厅是家庭就餐的重要场所，装饰陈设应以美观、实用为宜。餐厅中摆放的植物也应如此，可适当选择一些能够令人身心放松、利于增加食欲、不危害身体健康的品种。

① 餐厅常常连接着厨房和客厅，为了营造幽雅、清新的进餐环境，在选择植物时要注意与大环境的风格统一，切忌过于杂乱，最好以一个色调为主。同时要考虑自己能为植物投入多少精力，如果家中其他房间已摆放了过多的植物，那么在餐桌中间简单地摆上一盆绿植即可。

② 餐厅的空间比较适合选用垂直的绿化形式，例如在桌上放置一盆向上生长的长寿花，或在墙壁上装饰一些垂吊的佛珠、常春藤等。

③ 餐厅是品尝美食的地方，选择植物时要尽量避免带有浓重气味、落叶多、花粉多的品种，以免影响食欲。

④ 摆放植物的培养土最好选择无菌土，避免选用有气味或者易腐烂生虫的土进行栽培。

卫生间

卫生间通常位于房中不起眼的地方，但摆上几盆绿植装点，也可以使其焕然一新。卫生间的光照条件一般不太好，但环境湿润阴凉，很适合一些观叶植物的生长。

① 卫生间的面积相对较小，摆放植物的位置需选择好，可将其置于小窗台上或洗手台旁，避免洗澡时溅上肥皂水，导致植株腐烂。由于卫生间湿度较大，可选择些喜阴且生机盎然的植物，例如肾蕨、冷水花等。

② 卫生间是容易滋生细菌的地方，所以可摆放一些有一定杀菌功效的植物，例如常春藤。

③ 卫生间的异味令人烦恼，而一些植物自带天然的清新香气可以帮助改善环境。例如薄荷，可将其放置于马桶的水箱上，既美观又实用。

④ 卫生间是最容易产生氯气的地方，由于自来水中普遍含有氯气，在用水时可能会散发到空气中。如果人体长期吸入氯气则容易引发咳嗽、胸闷、胸痛等症状，甚至会患上支气管炎。所以在卫生间中摆上几盆可吸收氯气的绿植是很有必要的，例如观音竹、米兰花等。

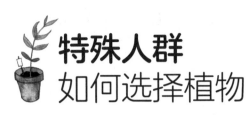

特殊人群
如何选择植物

在家居植物的选择上，我们还应顾及家中不同人群的生理特点和身体状况，以此作为依据，挑选适宜的品种。如果家中有孕妇、小孩、老人或生病的人，挑选花草时就要更为谨慎，以免影响家人的身体健康。

处于妊娠期的女性

处于妊娠期的女性身心都发生着巨大的变化，很多身体上的不适反应，例如反胃、恶心等，都会令她们心情烦躁。而美好的植物总是会给人带来好心情，如果家中栽种或摆放一些绿植花卉，在美化环境的同时，还能陶冶情操、缓解压力。但部分植物也会威胁人体的健康，尤其是处于妊娠期的女性，在选择花草时更需要格外留意。

🌿 孕妇不宜接触的植物

❶ 松柏类植物，例如常被制成盆景的罗汉松、五针松等。这类植物一般都会散发出特殊的木质香气，刺激人的肠胃系统，影响食欲。尤其是处于特殊时期、嗅觉敏感的孕妇，她们会感到心烦意乱，甚至出现恶心、呕吐、头晕、眼花等症状。

❷ 香气浓烈的花卉，例如月季、百合、夜来香等。尤其是夜来香，它一般于夜间开花，并散发出浓烈的香气，这种香气很容易让孕妇感到不适。而且

夜来香在夜间会停止光合作用，释放出大量二氧化碳，使室内氧气含量降低，影响孕妇的睡眠质量。

❸ 过敏类植物，例如天竺葵、水仙等。这类花卉在花期时花粉微粒较多，孕妇接触或吸入容易导致过敏，诱发皮肤瘙痒、流泪、流涕、咳嗽等症状。另外，水仙的汁液还会使人的皮肤发红肿痛。

❹ 有毒植物，例如郁金香、含羞草、夹竹桃、马缨丹等。郁金香和含羞草含有生物毒碱，长期接触会使人脱发和眉毛稀疏，影响孕妇身体健康和胎儿的生长发育。夹竹桃会分泌一种有毒的乳白色汁液，如孕妇不小心接触会出现全身无力、头晕的症状，甚至导致滑胎。马缨丹的花朵和叶片都有毒，如孕妇不慎误食就会出现腹痛、腹泻、发热等症状。

❺ 带刺的植物，例如仙人掌、仙人球等。这类植物有些刺里含有毒汁，如孕妇不慎被刺伤，容易出现红肿、疼痛等症状。

孕妇室内适宜摆放的植物

孕妇可选择些好养易活，生机勃勃的植物，例如"空气卫士"——吊兰。它终年碧绿，对空气中的污染物有很强的吸收能力。如果家中有人抽烟，吊兰还可以吸收香烟中的一氧化碳、尼古丁等有害物质。黄金葛也是一种很适合摆放在孕妇居室内的植物，它非常好养，遇水则活，生命力顽强，在净化空气方面表现突出。研究显示，它能消除房间内70%的有害气体，常被比喻为高效的"空气净化器"。而白掌一类的竹芋体内水分蒸发速度较快，在消除空气污染的同时，还能让室内保持一定的湿度，使孕妇的鼻黏膜不易干燥，降低生病概率。除此之外，常春藤、雏菊、万寿菊、虎皮兰、蜘蛛抱蛋、橙花等植物都很适合摆放于孕妇室内。

处于生长发育期的儿童

由于儿童的免疫系统、神经系统及内分泌系统等都尚未发育完全，免疫力要比成人低得多，故在家中摆放植物时要格外当心。若家中有已能爬行走动的儿童，就要避免摆放一些易引起过敏、长刺、有毒的种类。

🌿 儿童不宜接触的植物

❶ 易引发过敏的植物，例如天竺葵、迎春花等。儿童的呼吸系统较脆弱，肺泡比成人要大得多，一旦吸入过多的花粉，就有可能引发咳嗽、流泪、流涕、皮肤瘙痒等症状，甚至影响呼吸系统的正常发育。

❷ 长刺或叶片尖硬的植物，例如龙舌兰、蔷薇、仙人掌、仙人球等。儿童大多是活泼好动的，在其玩耍的过程中很容易被这类植物扎伤，甚至引发过敏。

❸ 有毒植物，例如夹竹桃、郁金香、杜鹃、马缨丹、海芋等。这类植物平时放置于室内观赏是无甚大碍的，但它们的茎秆或花叶内含有毒素，如被孩子误食，就会对其健康产生影响。

❹ 气味浓重的植物，例如万年青、百合、夜来香等。过香的气味易引起儿童的不适，刺激儿童的肠胃，使其食欲降低，不利于发育。

🌿 儿童房内适宜摆放的植物

儿童房内最好选用有净化空气和驱虫杀菌功效的观叶盆栽植物，不常开花的植物，从而不用担心花粉和香气会造成孩子呼吸系统的负担，例如彩叶草、绿萝、常春藤、龟背竹、文竹等。这类花草在给儿童房增加活力的同时，还能守护孩子的健康。

体质逐渐衰弱的老年人

众所周知，种养花草不仅能够美化环境，使空气变得更加清新，还能让人们的心情变得更加轻松愉悦。对于老年人来说，家里摆上或种植一些适宜的花草，除了能够调养身心、陶冶情操，还能预防疾病、保健养生。但也要小心一些不适合老年人接触的"隐患"植物。

老年人不宜接触的植物

❶ 有毒植物，例如万年青、海芋等。这类植物的汁液里含有一些有毒的酶，皮肤接触到会有强烈的刺激感，继而引发瘙痒、红肿等症状。因老年人的新陈代谢功能趋弱，所以皮肤被抓破后恢复会较慢。

❷ 夜间能散发刺激性气味的植物，例如丁香、夜来香等。这类植物会影响人的呼吸道，对患有高血压和心脏病的老年人有不利影响。

❸ 气味特殊的植物，例如夹竹桃、金钱松、刺柏等。夹竹桃的香气会使人昏昏欲睡、降低智力，松柏类植物的气味会影响人的食欲，所以老年人不宜接触。

老年人室内适宜摆放的植物

如果家中有老年人，那么在选择摆放或栽种的植物时，就不能只要求美观性，还要考虑老人的身体特点和健康状况，下面推荐几种适合老年人接触或栽种的植物。

❶ 文竹、蒲葵等清新、雅致的观叶植物。

❷ 五彩辣椒，不仅色泽艳丽，其根果部分还能入药，适合有风湿病或脾胃虚寒的老年人。

❸ 金银花、小菊花等有药用功效的菊科植物，既美观又实用。

体质虚弱敏感的病人

病人是需要格外关心照顾的一个群体，我们应当尽力为其营造一个温暖舒心、宁静优美的生活环境。在病人家中或病房中利用植物做搭配装饰是一个不错的选择，但也要注意选择合适的植物。

病人不宜接触的植物

❶ 香气浓烈的花卉，例如夜来香、水仙、兰花、百合花、马缨丹、紫丁香等，不宜长时间摆放于病人房中。过重的香气会使人的中枢神经过度兴奋，难以入眠，影响病人的睡眠质量，高血压或心脏病患者闻了会感到头晕目眩，甚至会加重病情。而且这类花卉通常花粉较多，不宜摆放在呼吸科、耳鼻喉科、眼科、皮肤科等科室的病房中。

❷ 含有毒性汁液的植物，例如郁金香、含羞草、紫荆花、虞美人等不宜摆放在免疫力低下的病人房中。

❸ 带有泥土的盆花。花盆里的泥土很容易产生真菌孢子等病原微生物，扩散在空气中易使病人的病情加重或引发一些并发症。

病人室内适宜摆放的植物

植物除了会进行光合作用释放氧气，还会进行呼吸作用，释放二氧化碳，所以在病人的房间不可以摆放过多植物，两三盆即可。可选择不常开花的观叶植物，避免花粉过敏问题，例如文竹、龟背竹等。或选择些带有观赏性的中草药，例如菊花、薄荷、紫苏等，这些中草药散发的淡淡清香有利于病人的康复。

第 **2** 章

30种能监测空气的植物

　　空气污染一直是人们担忧和困扰的问题，而植物不仅能给我们提供视觉上的享受，还能帮助我们监测室内空气的污染程度。

　　本章介绍的植物对空气污染物反应敏感，受侵害时表现出的症状能让我们快速了解周围环境的污染程度，是我们监测空气的好帮手。

苔藓微景观瓶内造景。

学名：*Bryophyta*

别名：莫斯

科属：苔藓植物门

茎的性质：草本高等植物中最低等的一门

原产地：世界各地分布着不同种类的苔藓，右图为葫芦藓

花期：无花，无种子，以孢子繁殖

习性 不宜在阴暗处生长，需要一定的散射光线或半阴环境，喜欢潮湿环境，特别不耐干旱及干燥。养护期间应给予一定的光照，每天喷水多次（依空气湿度而定），应保持空气相对湿度在 80% 以上。另外，温度不可低于 22℃，最好保持在 25℃ 以上，才会生长良好。

植物功效

苔藓植物能够监测空气中的二氧化硫。二氧化硫浓度高时会对植物体的叶绿素造成破坏，影响苔藓植物进行光合作用，严重时可致其死亡。

摆放位置

苔藓植物生长致密、四季常绿，除在自然园林中点缀应用外，还可大面积种植成景，也可制作成盆景或微景观。苔藓盆景摆放在室内时，需要摆放在一个相对湿润的环境中，光照以散射光为宜。

Tips 是什么给了地球足够的氧气使其能孕育动物和人类呢？研究人员找到了答案：所有这一切均始于苔藓。有报告称，约 4.7 亿年前，苔藓类地植物在地球上迅速蔓延，成为地球首个稳定的氧气来源，令生物进化得以蓬勃发展。

萱草花柄很长，像百合一样呈筒状花。

学名： *Hemerocallis fulva*

别名： 黄花菜、金针菜、川草花、忘忧草

科属： 百合科萱草属

茎的性质： 多年生宿根草本

原产地： 中国、西伯利亚、日本和东南亚

花期： 5～7月

花色： 橘红至橘黄色渐变

习性

喜温暖、湿润的环境，性强健，耐寒，适应性强，喜湿也耐旱，喜阳又耐半阴，对土壤选择性不强。

植物功效

萱草对氟十分敏感，当空气受到氟污染时，萱草叶子的尖端就会变成红褐色，所以常被当作监测环境是否受到氟污染的指针植物。

摆放位置

萱草花色鲜艳，栽培容易，且春季萌发早，绿叶成丛，极为美观。园林中多丛植或于花境、路旁栽植。萱草耐半阴，既可做疏林地被植物，又可在庭院中栽种，适应性强，易打理，也可盆栽摆放在客厅、阳台等处。

Tips

萱草的花语为"遗忘的爱"。萱草又名"忘忧草"，代表"忘却一切不愉快的事"。同时也是中国的母亲花。其药用价值很高，能清热利尿，凉血止血。

报春花

学名：*Primula malacoides*

别名：小种樱草、七重楼、年景花

科属：报春花科报春花属

茎的性质：一二年生草本

原产地：中国云南、贵阳和广西西部

花期：2 ~ 5 月

花色：粉红色、淡蓝紫色、浅黄色、白色

习性

喜气候温凉、湿润的环境和排水良好、富含腐殖质的土壤，不耐高温和强烈的直射阳光，多数亦不耐严寒。

植物功效

报春花对过氧酰基硝酸酯较敏感，含量超标时，报春花幼叶背面会呈古铜色，叶片生长异常，向下弯曲，叶片尖端枯死，枯死部位呈白色或黄褐色。

摆放位置

报春花花色五彩缤纷，是春天的信使，可摆放在阳台、客厅、书房等地，对光照条件要求不高。

Tips

报春花的花语是"初恋、希望、不悔"，常用来送给朋友和恋人。它还是春天的信使，当大地还未完全复苏，众芳未开，霜雪未尽，它已悄悄地开出花朵，告诉人们春天即将来临。

彩叶草

学名：*Coleus scutellarioides*

别名：五色草、洋紫苏

科属：唇形科鞘蕊花属

茎的性质：多年生草本

原产地：中国、印度、马来西亚各地园圃普遍栽培

花期：7 月

花色：黄色、暗红色、紫色、绿色

习性　喜温暖、潮湿的环境，适应性强，冬季温度不低于 10℃，夏季高温时稍加遮阴，喜充足阳光，光线充足能使叶色鲜艳。

🌿 植物功效

　　彩叶草能监测空气中的二氧化硫，过浓的二氧化硫气体会使彩叶草叶片变为灰白色并失水变薄，严重时叶片干枯脱落。

🌿 摆放位置

　　彩叶草色彩艳丽并富有层次，株型矮小，最适宜摆放于庭院道路两侧或置于室内阳光充足处。

Tips　彩叶草最易遭受蚜虫危害，蚜虫隐藏在叶片上，吸取嫩汁液，造成叶片卷曲甚至枯萎，可采用植物农药进行防治。方法是取一定量的侧柏叶捣碎后，加入 4～5 倍水稀释，对受害植株进行喷施，一般经 3～5 次喷施后就可达到消灭害虫的目的。

紫花苜蓿

学名： *Medicago sativa*

别名： 紫苜蓿、牧蓿、苜蓿、路蒸

科属： 豆科苜蓿属

茎的性质： 多年生草本

原产地： 原产于小亚细亚、伊朗、外高加索一带，现世界各地都有栽培或呈半野生状态

花期： 5～7月

花色： 淡红色、淡黄色、深蓝至暗紫色

习性　喜欢温暖、干燥的半干旱气候，较耐寒，对土壤要求不高，除太黏重的土壤、极瘠薄的沙土及过酸或过碱的土壤外都能生长，最适宜在土层深厚疏松且富含钙的土壤中生长。紫花苜蓿不宜种植在强酸、强碱土中，喜欢中性或偏碱性的土壤，以 pH 值 7～8 为宜。含盐量应小于 0.3%，地下水位需在 1 米以下。

植物功效

紫花苜蓿能够监测二氧化硫，空气中的二氧化硫浓度超标时，其叶片会出现点块状暗黄色斑点，叶片变色发白。

摆放位置

紫花苜蓿栽培容易，抗性强，可直接露地栽培在庭院小路边，或成片栽培在院墙一角。盆栽紫花苜蓿也可摆放在室内阳台。

Tips　紫花苜蓿富含优质膳食纤维、食用蛋白、维生素（包括维生素 B、维生素 C、维生素 E 等）、多种有益的矿物质以及皂苷、黄酮类、类胡萝卜素、酚醛酸等生物活性成分。

香豌豆

学名：*Lathyrus odoratus*

别名：花豌豆、腐香豌豆、豌豆花

科属：豆科山黧豆属

茎的性质：一年生草本

原产地：意大利，中国

花期：6～9月

花色：紫色、白色、粉红色、红紫色、蓝色等

习性　喜欢温暖、湿润的气候，喜光照充足，较耐阴，忌积水，怕阴雨天。白天生长适温为9℃～13℃，夜间为5℃～8℃。

🌿 植物功效

香豌豆能够监测空气中的氯气，当氯气浓度过高时，叶脉间会出现点块状伤斑，与正常组织之间界线模糊，或有过渡带，严重时全叶失绿成白色甚至脱落。

🌿 摆放位置

香豌豆枝条柔软细长，可栽培在庭院墙边或花架上做攀缘绿化植物，盆栽香豌豆可摆放在客厅、阳台等处。

Tips　香豌豆开着色彩淡雅的蝶形花，宛如展翅欲飞的彩蝶，有人形容它像急着离开家门、赶赴约会的少女，这就是香豌豆花语"离家外出"的由来。

合欢为头状花序，荚果扁长，常作为行道树。

学名：*Albizia julibrissin*

别名：马樱花、合昏、夜合、绒花树

科属：豆科合欢属

茎的性质：落叶乔木

原产地：美洲南部，我国黄河流域至
珠江流域亦有分布

花期：6 ~ 7 月

花色：淡红色、粉红色

习性

喜温暖湿润和阳光充足的环境，对气候和土壤适应性强，宜在排水良好、肥沃的
土壤生长，但也耐瘠薄土壤和干旱气候，不耐水涝。

植物功效

合欢能够监测空气中的二氧化硫、氯
化氢等有害气体，对这些气体有较强的
抗性。

摆放位置

合欢常栽植在路边，也可种植在庭院
中，树干直立，树冠丰满，可做盆景造
型摆放在室内，为居室增添祥和之气。

Tips

合欢花在我国是吉祥之花，人们常常将合欢花赠送给发生争吵的夫妻，
或将合欢花放置在他们的枕下，祝愿他们和睦幸福，生活更加美满。朋
友之间如发生误会，也可互赠合欢花，寓意为"消怨合好"。

绣球

绣球花似球形，花色绚丽，株型秀美。

学名： *Hydrangea macrophylla*

别名： 紫阳花、八仙花、粉团花、草绣球、紫绣球

科属： 虎耳草科绣球属

茎的性质： 落叶灌木

原产地： 原产于中国和日本，是常见的盆栽观赏花木

花期： 6 ~ 8 月

花色： 粉红色、淡蓝色、白色、红色等

习性

绣球为短日照植物，须经遮光处理才能形成花芽，忌强光直射，喜温暖、湿润和半阴环境，生长适温为 18℃ ~ 28℃，以疏松肥沃和排水良好的沙壤土栽培为好。

植物功效

绣球对空气中的二氧化硫、甲醛及苯具有监测作用，二氧化硫浓度过高会对绣球叶片造成伤害，使植物气孔功能受阻，叶肉细胞失水，导致叶片逐渐干枯脱落。

摆放位置

绣球花团锦簇，令人赏心悦目，可直接栽植于庭院中，也可作为盆栽摆放于客厅、书房等处，每天黑暗处理 10 小时以上可促进其开花。

Tips

在英国，绣球被喻为"无情""残忍"，而在中国却被喻为"希望、健康、永恒的爱情、骄傲、美满、团圆"。绣球有毒，一旦误食，会出现腹痛现象。

三色堇

紫色、黄色和白色组成的三色堇花瓣。

学名：*Viola tricolor*

别名：猫儿脸、蝴蝶花、人面花、阳蝶花、鬼脸花

科属：堇菜科堇菜属

茎的性质：一二年生或多年生

原产地：原产于欧洲北部，中国南北方普遍种植，是欧洲常见的野花物种，也是冰岛、波兰的国花

花期：4 ~ 7 月

花色：紫、白、黄三色为主

习性

较耐寒，喜凉爽，喜阳光，在昼温15℃ ~ 25℃、夜温3℃ ~ 5℃的条件下发育良好。忌高温和积水，耐寒抗霜。根系可耐零下15℃低温，但低于零下5℃叶片会受冻，边缘变黄。

植物功效

三色堇能够监测空气中的二氧化硫，当周围环境中的二氧化硫浓度超出叶片吸收上限后，其叶片会变色、变薄，甚至枯萎。

摆放位置

三色堇花色优雅，有恬淡的香味，对光照要求不高，可摆放于有散射光的客厅、书房，夏季注意遮阴。

Tips

三色堇花语为"沉思、快乐、请思念我"。三色堇在欧洲特别受尊崇，意大利将三色堇作为"思慕"和"想念"之物，少女尤其喜爱。

木槿

学名：*Hibiscus syriacus*

别名：木棉、荆条、朝开暮落花、喇叭花

科属：锦葵科木槿属

茎的性质：落叶灌木

原产地：原产于中国中部，是一种在庭院很常见的灌木花种，是韩国和马来西亚的国花

花期：7 ~ 10 月

花色：纯白色、淡粉红色、淡紫色、紫红色等

习性

较耐干燥和贫瘠，尤喜光，稍耐阴，喜温暖、湿润气候，耐修剪，耐热又耐寒，好水湿而又耐旱，对土壤要求不严格，在重黏土中也能生长。

植物功效

木槿对二氧化硫与氯化物等有害气体具有很强的抗性，当空气中的二氧化硫浓度较高时，其叶片会变为灰白色，叶脉间呈现大小不一的斑点，同时，木槿还具有很强的滞尘功能，是有污染的工厂的主要绿化树种。

摆放位置

木槿株型较散，枝条茂盛，大多栽培在庭院中，也可以盆栽摆放于室内向阳处，木槿枝条可以编制成花篮和花环装饰客厅、餐厅。

Tips

木槿花的营养价值极高，含有蛋白质、脂肪、粗纤维，以及还原糖、维生素C、氨基酸、铁、钙、锌等，并含有黄酮类活性化合物。木槿花蕾食之口感清脆，完全绽放的木槿花，食之滑爽。以木槿花制成的木槿花汁，具有止渴醒脑的保健作用。

百日菊

学名：*Zinnia elegans*

别名：百日草、步步高、火球花、对叶菊、秋罗

科属：菊科百日菊属

茎的性质：一年生草本

原产地：原产于墨西哥，在中国各地广泛栽培，品种多样，是著名的观赏植物

花期：6～9月

花色：红色、紫色、粉色、黄色等

习性

喜温暖、不耐寒、喜阳光、怕酷暑、性强健、耐干旱、耐瘠薄。宜在肥沃深厚的土壤中生长，生长期适温为15℃～30℃。

植物功效

百日菊能有效监测二氧化硫及氯气，植株受二氧化硫侵害时，其叶片会发黄枯萎，当受到氯气侵害时，叶脉间褪色发黄，有时出现棕色斑块，但与绿色组织间无明显界限，周围有黄化区。

摆放位置

百日菊花期长，颜色丰富，适合成片栽植于庭院中，也可盆栽摆放在阳台等光线较好的地方。

Tips

百日菊花期很长，从6月到9月，花朵陆续开放，长期保持鲜艳的色彩，象征友谊天长地久。更有趣的是，百日菊的第一朵花开在顶端，然后侧枝顶端开花比第一朵开得更高，所以又得名"步步高"，观其花朵，会激发人们的上进心。

矢车菊

学名：*Centaurea cyanus*

别名：蓝芙蓉、翠兰、荔枝菊

科属：菊科矢车菊属

茎的性质：一二年生草本

原产地：欧洲东南部地区，为德国的国花

花期：4～8月

花色：蓝色、白色、红色、紫色等

习性　喜欢阳光充足，不耐阴湿，需栽在阳光充足、排水良好的地方。较耐寒，喜冷凉，忌炎热。喜肥沃疏松和排水良好的沙壤土。

植物功效

矢车菊能够监测空气中的二氧化硫，如果二氧化硫浓度过高，矢车菊便会失去水分而变枯或倒下，无法正常开花或者无法开花。

摆放位置

矢车菊喜欢阳光，可在庭院中撒种成片栽植，也可盆栽置于阳台、窗台，还可以作为切花装点客厅和书房。

Tips　矢车菊是德国的国花，在德国的房前屋后、溪畔草坪，随处都能见到这种可爱的小花。它的花型美丽、气味芬芳，而且拥有着顽强的生命力，深受德国人民喜爱。矢车菊的花语是遇见和幸福。矢车菊能泡茶，可以养颜美容、放松心情、帮助消化、使小便顺畅。

万寿菊

学名： *Tagetes erecta*

别名： 臭芙蓉、万寿灯、蜂窝菊、臭菊花、蝎子菊、金菊花

科属： 菊科万寿菊属

茎的性质： 一年生草本

原产地： 原产于墨西哥，中国各地均有分布，常用于花坛布景

花期： 7～9月

花色： 橙红色、橙黄色、金黄色、柠檬黄到浅黄色等

习性 喜欢温暖、湿润、光照充足的环境，较耐寒、耐旱，喜肥沃、排水良好的沙壤土。

植物功效

万寿菊能够对氟化氢、二氧化硫进行监测，对这些污染物有较强的抗性和吸收作用，当其受到二氧化硫侵袭时，叶片会变为灰白色，叶脉间也会出现形状不一的斑点，逐渐发黄。

摆放位置

万寿菊花色明亮，管理也相对粗放，可直接露地栽植于庭院中，也可盆栽置于阳台、窗台上。园林中常用作花坛装饰。

Tips 万寿菊花瓣可以食用，是花卉食谱中的名菜，将新鲜的万寿菊花瓣洗净晾干，再裹上面粉油炸，其香味会令人垂涎三尺，吃起来十分美味。

向日葵

学名： *Helianthus annuus*

别名： 朝阳花、转日莲、向阳花、望日莲、太阳花

科属： 菊科向日葵属

茎的性质： 一年生草本

原产地： 北美洲

花期： 7～9月

花色： 黄色

习性 喜温又耐寒，喜欢光照充足的环境，对土壤要求不高，具有较强的适应性。

植物功效

向日葵能够修复土壤，对土壤中的重金属等有害污染物能够进行净化，对二氧化硫、氨气及氯气也有监测作用。当空气污染物浓度过高时，叶片出现伤斑并且失绿，花瓣闭合、下垂或落花。

摆放位置

向日葵姿态挺拔，具有向光性，迎着太阳而动，一般都栽种在庭院中，也可盆栽，摆放在光照充足的阳台、窗台上。同时，切花向日葵插瓶也是居家装饰不可缺少的一抹亮色。

Tips 福岛第一核电站发生核泄漏事故之后，日本政府在核电站周围 20 千米区域的"警戒区"种植大量向日葵，清理土壤中的放射性核物质。

美人蕉

学名：*Canna indica*

别名：红艳蕉、小花美人蕉、小芭蕉

科属：美人蕉科美人蕉属

茎的性质：多年生宿根草本

原产地：原产于美洲、印度、马来半岛等热带地区

花期：5 ~ 10 月

花色：红色、紫红色、橙黄色等

习性　喜温暖和充足的阳光，不耐寒。对土壤要求不高，在疏松肥沃、排水良好的沙壤土中生长最佳，也适应于肥沃黏质土壤。

🌱 植物功效

美人蕉能够监测二氧化硫及氯气，当空气中的二氧化硫和氯气浓度高时，美人蕉叶片失绿变白，严重时枯萎脱落，甚至落花落果。

🌱 摆放位置

美人蕉株型较高，可以直接栽培在庭院中，也可以选用大而深的花盆栽种，摆放在室内观赏。

Tips　美人蕉的花语为"坚实的未来"。美人蕉株型较大，在酷热的天气中盛开的美人蕉，能让人感受到强烈的意志力。

连翘

学名：*Forsythia suspensa*

别名：黄花杆、黄寿丹、黄金条、女儿茶

科属：木樨科连翘属

茎的性质：落叶灌木

原产地：韩国，中国河北、山西、陕西、山东、安徽、河南、湖北、四川等地

花期：3～4月

花色：金黄色

习性

连翘喜光，稍耐阴，喜温暖、湿润气候，耐寒，耐干旱瘠薄，怕涝，在中性、微酸或碱性土壤中均能正常生长。

植物功效

连翘对二氧化氮、臭氧及氨气反应敏感，当二氧化氮浓度高时，其叶脉之间或叶缘会呈现条状或斑状；被臭氧侵袭时，其叶肉细胞死亡，伤斑多覆盖在叶表上；当空气中氨气浓度高时，连翘的叶片会很快发黄。

摆放位置

连翘的枝条萌生力强，宜摆放在阳台、窗台、客厅等光线明亮处，金黄色的花朵是室内装饰的一抹亮色。

Tips

连翘也是一味药材，可以清热解毒、散结消肿。治温热、丹毒、斑疹、痈疮肿毒、瘰疬、小便淋闭等症。

碧桃

学名: *Amygdalus persica* var. *persica* f. *Duplex*

别名: 千叶桃花、观赏桃花

科属: 蔷薇科桃属

茎的性质: 落叶小乔木

原产地: 原产于中国，分布在西北、华北、华东、西南等地，现世界各国均已引种栽培

花期: 3～4月

花色: 深红色、粉红色、白色、粉白两色花

习性

喜欢阳光充足、气候温暖的环境，耐旱，耐寒，不耐潮湿，要求土壤肥沃、排水良好，忌积水。

植物功效

碧桃对硫化物及氯气十分敏感，受到上述气体侵袭时，其叶片会出现大量斑点，并渐渐干枯死亡。

摆放位置

盆栽碧桃宜摆放在阳台、客厅、书房等阳光充足的地方，做成盆景更增添观赏趣味，还可将碧桃枝条插于瓶中置于茶几、书架上观赏。

Tips

碧桃树干上分泌的胶质，俗称桃胶，可用作黏合剂等，为一种聚糖类物质，水解能生成阿拉伯糖、半乳糖、木糖、鼠李糖、葡糖醛酸等，可食用，也供药用，有破血、和血、益气之效。

榆叶梅

学名：*Amygdalus triloba*

别名：榆梅、小桃红、榆叶弯枝

科属：蔷薇科桃属

茎的性质：落叶灌木

原产地：原产于中国北部，现全国各地多数公园内均有栽植

花期：4 ~ 5 月

花色：粉红色

习性

喜光，稍耐阴，耐寒，耐旱，不耐涝，抗病性强，对土壤要求不高，以中性至微碱性的肥沃土壤为佳。

植物功效

榆叶梅能够敏感地监测氟化氢，当一定浓度的氟化氢与植株接触时，其叶尖和叶缘会出现伤斑，伤斑与正常组织之间有一条明显的暗红色界限，严重时叶片枯萎脱落。

摆放位置

榆叶梅多栽培于庭院中，早春开花，为庭院增添生机与春色，也可在光线较好的阳台、客厅摆放盆栽造型榆叶梅。

Tips

榆叶梅其叶像榆树，其花像梅花，所以得名"榆叶梅"。

梅花

学名：*Armeniaca mume*

别名：红梅、绿梅、春梅、干枝梅

科属：蔷薇科杏属

茎的性质：落叶小乔木

原产地：原产于中国，中国各地均有栽培，但以长江流域以南地区最多

花期：12月~翌年3月

花色：紫红色、粉红色、淡黄色、淡墨色、纯白色等

习性 喜温暖、湿润以及阳光充足、通风性好的环境，较耐寒，可以短时间忍受零下15℃的低温，在5℃~15℃的低温催化下开花。

植物功效

梅花能监测甲醛、苯、二氧化硫、氟化氢和硫化氢等有毒气体，硫化物浓度高时叶片上会出现斑纹，严重时还会变枯脱落。

摆放位置

梅花姿态优雅，气味芳香，宜摆放于宽敞的客厅、书房，也可以单枝插瓶摆放在书架、窗台上。

Tips 梅花是中国十大名花之首，与兰花、竹子、菊花一起列为"四君子"，与松、竹并称为"岁寒三友"。在中国传统文化中，梅以它高洁、坚强、谦虚的品格，激励人立志奋发。

矮牵牛

矮牵牛不是牵牛花，不会攀爬。

学名：*Petunia hybrida*

别名：碧冬茄、灵芝牡丹、撞羽牵牛

科属：茄科碧冬茄属

茎的性质：一年生草本

原产地：原产于南美洲阿根廷，现世界各国花园中普遍栽培

花期：4 ~ 11 月

花色：白色、粉色、红色、紫色、蓝色等

习性　长日照植物，生长期要求阳光充足，生长适温为 13℃ ~ 18℃，冬季温度需 4℃ ~ 10℃，如低于 4℃，植株生长停止，夏季能耐 35℃ 以上的高温。夏季生长旺期，需充足的水分。盆栽矮牵牛宜用疏松肥沃和排水良好的沙壤土。

植物功效

矮牵牛可监测空气中二氧化氮和臭氧含量，吸收空气中的氟化物和氯气，同时其分泌的杀菌素可杀死空气中的细菌，保持空气清洁。

摆放位置

矮牵牛花色丰富，成片种植视觉效果好，常用来布置花坛、花境。可以撒播种子丛植在庭院中，开花时各色交相辉映，也可盆栽摆放在阳台等处，装饰居室。

Tips　白色矮牵牛的花语是"存在"，紫色矮牵牛的花语是"断情"。

秋海棠

栽植恩深雨露同，一丛浅淡一丛浓。平生不借春光力，几度开来斗晚风？

——［清］秋瑾《秋海棠》

学名：*Begonia grandis*

别名：无名相思草、八香

科属：秋海棠科秋海棠属

茎的性质：多年生常绿草本

原产地：原产于巴西，现世界各地均有栽培

花期：7～8月

花色：红色、桃色、白色、复色等

习性

性喜阳光，稍耐阴，怕寒冷，喜温暖，稍阴湿的环境和湿润的土壤，但怕热及水涝，夏天注意遮阴，通风排水，在肥沃疏松的沙壤土中生长最好。

植物功效

秋海棠能监测二氧化硫、氟化氢和氮氧化合物等有毒气体，植株受到侵袭时叶脉间会出现点状或块状伤斑，叶片失去光泽，变焦甚至干枯脱落。

摆放位置

秋海棠开花时美丽娇嫩，盆栽秋海棠适于放在庭、廊、案几、阳台、会议室台桌、餐厅等处摆设点缀。秋冬摆放几案，室内一派春意盎然，春夏放在阳台檐下，呈现活泼生机。

Tips

秋海棠又称相思草。中国人予以"相思""苦恋"之意，因其又名"断肠花"，故又寓意"断肠"。在陆游与唐婉、宝玉与黛玉的相恋过程中，秋海棠都成为相思、苦恋的见证。法国人则将秋海棠视为真挚的友谊。欧美人认为秋海棠具有"亲切、诚恳"的寓意。

牡丹

牡丹花色泽艳丽，风流潇洒，富丽堂皇，素有"花中之王"的美誉。

学名：*Paeonia suffruticosa*

别名：鼠姑、鹿韭、白茸、木芍药、百雨金、洛阳花、富贵花

科属：芍药科芍药属

茎的性质：多年生落叶小灌木

原产地：中国

花期：5 月

花色：黄色、绿色、粉色、紫色、肉红色、深红色等

习性

喜温暖、冷凉、干燥、阳光充足的环境。喜阳光，也耐半阴，耐寒，耐旱，耐弱碱，忌积水，怕热。适宜在疏松肥沃、排水良好的中性沙壤土中生长。

植物功效

牡丹对臭氧、二氧化硫等污染物具有监测作用，当周围环境臭氧达到一定浓度时，牡丹的叶片会出现斑点伤痕，叶片颜色会随着污染程度不同而变为褐色、淡黄、灰白等。

摆放位置

牡丹花色艳丽，雍容华贵，可摆放在阳台、客厅等处，是居家装饰的点睛之笔。

Tips

牡丹花可供食用。中国不少地方有用牡丹鲜花瓣做牡丹羹，或配菜添色制作名菜的。牡丹花瓣还可以蒸酒，制成的牡丹露酒口味香醇。

芍药

学名：*Paeonia lactiflora*

别名：将离、离草、婪尾春、余容、犁食、没骨花、黑牵夷、红药

科属：芍药科芍药属

茎的性质：多年生宿根草本

原产地：中国扬州仪征，主要分布于欧亚大陆，少数产于北美洲西部

花期：5 ~ 6 月

花色：白色、粉色、红色、紫色、黄色、绿色及混合色

习性　喜光照，耐旱，属长日照植物。在一年当中，植株随着气候节律的变化而产生阶段性发育变化，主要表现为生长期和休眠期的交替变化。其中以休眠期的春化阶段和生长期的光照阶段最为关键。

植物功效

芍药对二氧化硫及烟雾反应敏感，遭受侵袭时，其叶尖或叶缘会呈现出深浅不一的斑点。

摆放位置

芍药花大艳丽，在阳光充足的地方生长茂盛，宜摆放在向阳的阳台、窗台或庭院，也可作为插花摆于客厅、餐厅中。

Tips　芍药被人们誉为"花仙"和"花相"，且被列为"十大名花"之一，又被称为"五月花神"，因其自古以来就被人们视为爱情之花，所以现代人把芍药推崇为七夕节的代表花卉。

玉簪

学名： *Hosta plantaginea*

别名： 玉春棒、白鹤花、玉泡花、白玉簪

科属： 天门冬科玉簪属

茎的性质： 多年生草本

原产地： 原产于中国及日本，现欧美各国多有栽培

花期： 7～9月

花色： 白色

习性

性强健，耐寒冷，性喜阴湿环境，不耐强烈日光照射，适宜在土层深厚，排水良好且肥沃的沙壤土中生长。

植物功效

玉簪花对氟化物有监测功能，空气中氟化物浓度高时，玉簪花叶尖、叶缘会出现红棕色至黄褐色的坏死斑，受害叶组织与正常组织之间常形成一条暗色的带，未成熟叶片易受损害，枝梢常枯死。

摆放位置

玉簪花十分雅致动人，常布置于公园中点缀花镜。用它装点庭院，或盆栽布置于廊架下，花谢花开给人以美妙享受。注意摆放室内时要避免强光直射，放置在有散射光的客厅、卧室为好。

Tips

玉簪花的花语是"脱俗、冰清玉洁"。

金鱼草

学名：*Antirrhinum majus*

别名：龙头花、狮子花、龙口花、洋彩雀

科属：玄参科金鱼草属

茎的性质：多年生草本

原产地：原产于地中海，中国广西南宁有引种栽培

花期：4～10月

花色：白色、淡红色、深红色、肉色、深黄色、浅黄色、黄橙色等

习性　喜欢阳光充足的环境，也能耐半阴，较耐寒，不耐酷暑，喜欢疏松肥沃、排水良好的土壤。

植物功效

金鱼草能监测环境中的氯气，当空气中氯气浓度高时，叶片中的叶绿素很快会受到破坏，叶表面产生褐色伤斑，严重时叶片枯卷甚至脱落。

摆放位置

金鱼草喜光照充足的环境，可以栽培在庭院中，也可盆栽摆放在光线充足的阳台、窗台，还可以作为切花装饰客厅。

Tips　金鱼草的寓意为"有金有余、繁荣昌盛"，是一种吉祥的花卉。它也是一味中药，具有清热解毒、凉血消肿之功效。亦可榨油食用，营养健康。

牵牛花

学名：*Pharbitis nil*

别名：朝颜、碗公花、喇叭花

科属：旋花科牵牛属

茎的性质：一年生缠绕草本

原产地：热带美洲，在中国除西北和东北的一些地区外，其他大部分地区都有分布

花期：6 ~ 10 月

花色：蓝紫色、紫红色、桃红色、浅黄色及混合色

习性

适应性较强，喜光，亦可耐半遮阴，喜温暖或稍凉气候，亦可耐暑热高温，但不耐寒，怕霜冻。喜肥美疏松土壤，能耐水湿和干旱，较耐盐碱。

植物功效

牵牛花对二氧化硫与过氧化酰基硝酸酯具有监测功能，受二氧化硫侵害时其叶片会出现点块状伤斑，逐渐失水枯黄凋落；当空气中含有过氧化酰基硝酸酯时，其叶片会皱缩发黄，严重时枯死。

摆放位置

牵牛花常栽植在庭院墙边或花廊下，其茎缠绕着竹竿或廊架向上爬，也可盆栽摆放在阳台上，架起竹竿使其攀爬，花朵早晨开放，富有朝气。

Tips

牵牛花有个俗名叫"勤娘子"，顾名思义，它是一种很勤劳的花。每当公鸡刚啼过头遍，绕篱紫架的牵牛花枝头，就开放出一朵朵喇叭似的花来。晨曦中，人们一边呼吸着清新的空气，一边欣赏着点缀于绿叶丛中的鲜花，别有一番情趣。

虞美人花形如碗，虽为罂粟属，但与罂粟不是同一种植物。

学名：*Papaver rhoeas*

别名：丽春花、赛牡丹、满园春、仙女蒿、虞美人草、舞草

科属：罂粟科罂粟属

茎的性质：一二年生草本

原产地：原产于欧洲，现世界各地均有栽培

花期：5～8月

花色：红色、粉色、紫色、白色等，有的一朵花有多重颜色

习性

生长发育适温为 5℃～25℃，春夏温度高地区花期缩短。夜间低温有利于其生长开花，在高海拔山区生长良好，花色更为艳丽。寿命 3～5 年。耐寒，怕暑热，喜阳光充足的环境，喜排水良好、肥沃的沙壤土。不耐移栽，忌连作与积水。

植物功效

虞美人对于神经毒素硫化氢的反应非常敏感，在硫化氢浓度较高的地方，虞美人的叶片会变焦或者出现斑点。

摆放位置

虞美人姿态优美、花朵鲜艳，家庭种植的盆栽虞美人适合摆放在阳台、窗台、客厅等阳光充足且通风良好的地方，也可剪下插瓶摆放在书房等地作为插花摆设。

Tips

相传秦朝末年，楚汉相争，西楚霸王项羽兵败，被汉军围于垓下。项羽宠妾虞姬感到大势已去，含泪为项羽唱歌起舞，歌罢，拔剑自刎。后来，在虞姬的墓上长出了一种草，形似美人翩翩起舞。民间就把这种草称为"虞美人草"，其花称作"虞美人"。

唐菖蒲

学名：*Gladilolus gandavensis*

别名：十样锦、剑兰、菖兰、荸荠莲

科属：鸢尾科唐菖蒲属

茎的性质：多年生球根草本

原产地：非洲好望角，南欧、西亚等地中海地区亦有分布

花期：7~9月

花色：红色、粉色、紫色、黄色、橙色、蓝色和复色等

习性

唐菖蒲是喜温暖的植物，但气温过高对生长不利，不耐寒，生长适温为20℃~25℃，球茎在5℃以上的土温中即能萌芽。长日照条件下有利于花芽分化，但在花芽分化以后，短日照有利于花蕾的形成和提早开花。

植物功效

唐菖蒲对氟化氢非常敏感，空气中的氟化氢浓度过高时，其叶尖及叶缘便会出现褐色斑点，可有监测污染的功效。

摆放位置

唐菖蒲盆栽可摆放在窗台、阳台等光线较好的地方，也可直接种植在庭院观赏。另外，作为世界四大切花之一的唐菖蒲瓶插后可摆放于室内，十分别致自然。

Tips

唐菖蒲代表"怀念之情"，也表示"爱恋、用心、长寿、康宁、福禄"。中国人认为唐菖蒲叶似长剑，有如钟馗佩戴的宝剑，可以挡煞和避邪，所以其成为节日喜庆不可缺少的插花衬料。

鸢尾

学名：*Iris tectorum*

别名：乌鸢、扁竹花、蓝蝴蝶、紫蝴蝶、蝴蝶花

科属：鸢尾科鸢尾属

茎的性质：多年生宿根草本

原产地：原产于中国中部及日本，北非、西班牙、高加索地区、黎巴嫩和以色列等地也有分布

花期：4 ~ 5 月

花色：蓝色、紫色、黄色、白色等

习性

喜阳光充足、气候凉爽、耐寒力强、亦耐半阴环境，生于沼泽土壤或浅水层中，喜欢适度湿润、排水良好、富含腐殖质、略带碱性的黏性土壤。

植物功效

鸢尾能够监测空气中的甲醛、二氧化硫、氮氧化物和硫化氢等有毒气体，具有很强的抗毒能力，可以吸收周围空气中适量的二氧化硫，并通过氧化作用将其转化为低毒的硫酸盐等物质。

摆放位置

鸢尾花形飘逸，花色艳丽，盆栽鸢尾宜摆放在客厅、窗台，但因其花香会引起咽喉不适，所以不宜摆放在卧室。

Tips

鸢尾花代表"恋爱使者"，鸢尾的花语是"长久思念"，在中国常用以象征爱情和友谊。

三角梅

三角梅的花很小，簇生在 3 枚较大的苞片中。

学名：*Bougainvillea glabra*

别名：光叶子花、三叶梅、毛宝巾、
簕杜鹃、三角花

科属：紫茉莉科叶子花属

茎的性质：藤状灌木

原产地：原产于巴西，中国南方地区
多栽植于庭院、公园，北方地区多栽
培于温室中

花期：冬春间

花色：淡绿色

习性

喜温暖湿润气候，不耐寒，喜充足光照。品种多样，植株适应性强，不仅在南方地区广泛分布，在寒冷的北方也可栽培。生长适温为 15℃ ~ 30℃，冬季应维持不低于 5℃ 的环境温度，否则易受冻落叶。

植物功效

三角梅能够监测甲醛。空气中的甲醛会与植物的蛋白质、核酸和脂类物质发生反应，伤害植物细胞，当空气中的甲醛含量较高时，三角梅叶尖发黄，严重时植株会死亡。

摆放位置

三角梅苞片色彩丰富艳丽，且开花时间长，宜露地栽培在庭院中观赏，也可盆栽摆放于光照条件好的阳台、天台，还可作为盆景摆放于室内，其姿态优雅，富有韵味。

Tips

三角梅的茎、叶有毒，食用 12 ~ 20 片可导致腹泻、便血等。

第 3 章

73种能吸收空气中有毒物质的植物

　　本章介绍的植物，在净化空气方面都有杰出的表现。

　　这些花草能吸收空气中的有毒物质，在光合作用下还能释放氧气，提高环境中的负离子含量。家中摆放几盆这样的花草，会使居室空气清新自然，对健康十分有益。

吊兰

学名：*Chlorophytum comosum*

别名：挂兰、葡萄兰、钓兰、折鹤兰、倒吊兰、土洋参、八叶兰、空气卫士

科属：百合科吊兰属

茎的性质：多年生常绿草本

原产地：原产于非洲南部，现在世界各地广泛栽培

花期：5月

花色：白色

习性

性喜温暖湿润、半阴的环境。适应性强，较耐旱，不甚耐寒，不择土壤，在排水良好、疏松肥沃的沙壤土中生长较佳。对光线的要求不高，一般适宜在中等光线条件下生长，亦耐弱光。生长适温为15℃～25℃，越冬温度为5℃。

植物功效

吊兰的气体净化功能非常强，在24小时内可将室内的一氧化碳、二氧化硫、氮氧化物等有害气体吸收干净，起到空气过滤器的作用。

摆放位置

吊兰叶形修长，可悬吊在阳台、窗台一角，或摆放在客厅、卧室、厨房内，既美观又能净化空气。

Tips

相传古代有个主考官为了让他的干儿子魁名高中，便在批改卷子时动手脚，恰好碰到皇帝微服来访，他慌忙之中把卷子藏到一盆长得茂盛的兰花中。皇帝得知实情后，不仅免了他的官职，还把那盆花"赐"给了他。从此以后，这种兰花的茎叶就低垂下去，演变成今天的吊兰。

芦荟

学名：*Aloe vera* var. *chinensis*

别名：油葱、卢会、讷会、象胆、奴会、劳伟

科属：百合科芦荟属

茎的性质：多年生常绿草本

原产地：原产于地中海、非洲

花期：2~3月

花色：橘红色、淡黄色

习性

喜光，耐半阴，忌阳光直射和过度荫蔽。有较强的抗旱能力，离土的芦荟能干放数月不死。适宜生长环境温度为 20℃~30℃。喜疏松透气、有机质含量高的土壤。

植物功效

芦荟能有效地净化空气，可以吸收二氧化硫、甲醛等有害气体，一盆芦荟光照4小时可消除1m²空气中90%的甲醛，还能杀死空气中的有害微生物，并吸附灰尘，对净化居室空气有很大作用。

摆放位置

芦荟叶子肥厚多汁，喜光耐旱，盆栽多摆放在阳台、窗台等光照条件好的地方。芦荟中含有的多糖和多种维生素对人体皮肤有很好的滋润和增白作用。

Tips 芦荟的花语是"自尊又自卑的爱"。它具有很好的保健和美容作用，能抗衰老、防脱发、强心活血，并能促进伤口愈合。

蛇尾兰

学名：*Haworthia fasciata*

别名：条纹十二卷

科属：百合科十二卷属

茎的性质：多年生肉质草本

原产地：原产于非洲南部热带干旱地区，现世界多地均可栽培

花期：4～5月

花色：绿白色

习性 喜温暖干燥和阳光充足的环境，怕低温和潮湿，3月到9月生长期适温为16℃～18℃，9月到翌年3月为10℃～13℃，冬季最低温度不低于5℃。对土壤要求不高，以肥沃、疏松的沙壤土为宜。

植物功效

蛇尾兰为景天酸代谢植物，可在夜间吸收二氧化碳，释放氧气。蛇尾兰叶片粗糙，有一定的滞尘功能，能达到净化空气的效果。

摆放位置

蛇尾兰是常见的小型多肉植物。肥厚的叶片点缀着呈带状的白色星点，清新高雅。可配以造型美观的盆钵，装饰几案、书架。

Tips 若冬天盆土过湿，易引起蛇尾兰根部腐烂和叶片萎缩，如上述状况已发生，可从盆内将蛇尾兰托出，剪除腐烂部分，稍晾干后，重新扦插入沙床，生根后再进行盆栽，或沙栽一段时间待其成活并开始生长后换盆。

蜘蛛抱蛋

学名：*Aspidistra elatior*

别名：一叶青、一叶兰、箬叶

科属：百合科蜘蛛抱蛋属

茎的性质：多年生常绿宿根性草本

原产地：日本，中国南方各省区

花期：4~5月

花色：外侧紫色，内侧淡紫色或深紫色

习性

性喜温暖、湿润的半阴环境，耐阴性极强，比较耐寒，不耐盐碱，不耐瘠薄、干旱，怕烈日暴晒。适宜生长于疏松肥沃和排水良好的沙壤土中。生长适宜温度白天为20℃~22℃，夜间为10℃~13℃。

植物功效

蜘蛛抱蛋是除甲醛的强力"净化器"，对于空气中其余的有害气体也有很好的净化功能，能吸收氟化氢，还可以吸附粉尘。

摆放位置

蜘蛛抱蛋叶形挺拔整齐，叶色浓绿光亮，姿态优美、淡雅，同时它长势强健，适应性强，极耐阴，是室内绿化装饰的优良观叶植物。适于摆放在光照不强的书房、卧室。

Tips

蜘蛛抱蛋因两面绿色浆果的外形似蜘蛛卵，露出土面的地下根茎似蜘蛛，故名"蜘蛛抱蛋"。中医以其根状茎入药。四季可采，晒干或鲜用皆可。具有活血散瘀、补虚止咳的功效，可用于治疗跌打损伤、风湿筋骨痛、腰痛、肺虚咳嗽、咯血等症。

杜鹃

学名：*Rhododendron simsii*

别名：山踯躅、山石榴、映山红、照山红、唐杜鹃

科属：杜鹃花科杜鹃属

茎的性质：常绿或半常绿灌木

原产地：中国南方

花期：4～5月

花色：红色、淡红色、杏红色、粉红色、白色等

习性

性喜凉爽、湿润、通风的半阴环境，既怕酷热又怕严寒，生长适温为12℃～25℃。如果夏季气温超过35℃，则新梢、新叶生长缓慢，处于半休眠状态。因此，夏季要防晒遮阴，冬季应注意保暖防寒。

植物功效

杜鹃的叶片长满了茸毛，既能调节空气中的水分，又能吸附灰尘，具有净化空气的功能，最适合都市家庭种植。杜鹃还能监测有毒气体，当空气中有二氧化硫、一氧化氮时，杜鹃叶片会出现斑纹，边缘开始枯萎。

摆放位置

杜鹃花花色艳丽，栽培管理粗放，可选用不同花色的品种直接栽培在庭院中，更富有观赏性。盆栽杜鹃花可以摆放在阳台等处。

Tips

杜鹃花语为"爱的快乐、鸿运高照、奔放、清白、忠诚、思乡"。白色的杜鹃，清丽脱俗，男女之间相互赠送，显得高雅。红白相间的杜鹃，表示"希望与你融洽无间，共同创造美好的明天"。

擎天凤梨

学名：*Guzmania lingulata*

别名：果子蔓、西洋凤梨、姑氏凤梨、彩纹凤梨

科属：凤梨科擎天凤梨属

茎的性质：多年生常绿草本

原产地：美国南佛罗里达州，西印度群岛，巴西

花期：6月

花色：白色、红色等

习性

性喜明亮的漫射光，但也能耐阴，适宜生长温度白天为20℃～25℃，夜里为18℃，越冬温度应不低于8℃～10℃。

植物功效

擎天凤梨在夜间能吸收大量二氧化碳并释放出氧气，能提高空气中负氧离子的含量，使空气清新自然，有利于睡眠。

摆放位置

盆栽擎天凤梨宜放置于明亮的窗台处，这样不但有利于其生长和开花，而且有助于苞片色彩鲜丽。也可摆放在有散射光照射的客厅、书房和卧室，很耐观赏。

Tips

擎天凤梨如在室内栽培，盆土要保持湿润，莲座叶丛的水槽中不可缺水。

姬凤梨

姬凤梨叶片红绿相间，配以小花盆更突显其玲珑别致。

学名：*Cryptanthus acaulis*

别名：蟹叶姬凤梨、紫锦凤梨

科属：凤梨科姬凤梨属

茎的性质：多年生常绿草本

原产地：原产于南美热带地区，主要分布在巴西的原始森林中

花期：6月

花色：白色

习性

性喜温暖湿润、阳光充足的环境，只有在明亮的光照条件下，才能正常开花并且获得最美的叶片，但在夏季仍需防止正午阳光的直射。适宜生长温度为夏季20℃～30℃，冬季15℃～18℃，低于10℃则难以生长，夜间气温不可低于5℃。土壤以中性或微酸性沙壤土、混合腐叶土、泥炭土为宜。

🌱 **植物功效**

姬凤梨在夜间能吸收二氧化碳，释放氧气，保持室内空气清新。姬凤梨的叶背面有白色磷状物，能吸附空气中的灰尘。

🌱 **摆放位置**

姬凤梨株型小巧玲珑，叶片色彩及花纹丰富多彩，是一种难得的袖珍型观叶植物。置于光线明亮的书房、窗台，十分雅致美丽，也可摆在卧室，因为姬凤梨夜晚能释放氧气，有助于睡眠。

Tips

姬凤梨适合分株繁殖，分株时间最好在早春，大概二三月份进行。首先从花盆中取出母株，把多余的土壤去除，其次用小刀把根部切割成两株或者两株以上，然后把分割下来的小株在百菌清1500倍液中浸泡5分钟后取出晾干，即可上盆。

仙客来

仙客来色彩缤纷，可不同品种混植吸引人们的眼球。

学名：*Cyclamen persicum*

别名：萝卜海棠、兔耳花、兔子花、一品冠、篝火花、翻瓣莲

科属：报春花科仙客来属

茎的性质：多年生草本

原产地：原产于希腊、叙利亚、黎巴嫩等地，现已广泛栽培

花期：10月～翌年5月

花色：桃红色、绯红色、玫红色、紫红色、白色等

习性

性喜温暖湿润的环境，怕炎热，在凉爽的环境和富含腐殖质的肥沃沙壤土中生长最好。较耐寒，可耐0℃的低温。在生长期，要求空气湿润、日照充足。

植物功效

仙客来对空气中的有毒气体二氧化硫有较强的抵抗能力。它的叶片能吸收二氧化硫，并经过氧化作用将其转化为无毒或低毒的硫酸盐等物质。

摆放位置

盆栽仙客来特别适合摆放在有阳光的几架、书桌上。因其株型别致，花色鲜艳，还具有香味，深受人们青睐。仙客来还可无土栽培，清洁卫生，适合家庭装饰。

Tips

仙客来的花语是"内向"。中国是在20世纪二三十年代开始少量引入仙客来并进行栽培的，其中文名称据说是国画大师张大千先生根据英文名"Cyclamen"的发音而取的，既符合音韵，寓意又好。

黄杨

黄杨萌枝力强，适合修剪造型观赏。

学名：*Buxus sinica*

别名：黄杨木、瓜子黄杨、锦熟黄杨

科属：黄杨科黄杨属

茎的性质：多年生灌木或小乔木

原产地：原产于中国陕西、甘肃、湖北、四川、贵州、广西、广东、江西、浙江、安徽、江苏、山东等省区

花期：3月

花色：黄绿色

习性

喜肥沃松散的壤土，微酸性土或微碱性土均能适应，在石灰质泥土中亦能生长。喜湿润，但忌长时间积水。耐旱、耐热、耐寒，可经受夏日暴晒或零下20℃左右的严寒，但夏季高温潮湿时应多通风透光。对土壤要求不高，以疏松肥沃的沙壤土为佳。

植物功效

黄杨具有很强的净化空气能力，可抵抗和吸收二氧化硫、氟化氢，可作为大气污染地区优良的绿化树种。因其枝繁叶茂，种植在工厂四周能起到很好的隔音作用。

摆放位置

黄杨树姿优美，叶小如豆瓣，质厚有光泽，四季常青，栽在庭院中适当修剪造型，可终年观赏。盆栽黄杨可以摆放在阳台、窗台等光照充足的地方。制作成黄杨盆景装饰客厅更添观赏趣味。

Tips

黄杨的枝干是一种上好的木材，坚硬不易断裂，色泽洁白且十分细腻，是做筷子、棋子和木雕的上好材料。黄杨也有很好的除湿活血、消肿止痛的作用。

海桐

学名：*Pittosporum tobira*

别名：海桐花、山矾、七里香、宝珠香、山瑞香

科属：海桐科海桐花属

茎的性质：多年生常绿小灌木

原产地：原产于中国江苏南部、浙江、福建、台湾、广东等地，朝鲜、日本亦有分布

花期：3~5月

花色：白色、黄色

习性 对气候的适应性较强，喜光，但在半阴处也可生长良好，能耐寒冷，亦耐暑热。喜温暖湿润气候和肥沃湿润土壤，耐轻微盐碱，能抗风防潮。生长适温为15℃~30℃。

植物功效

海桐为环保树种，对二氧化硫、氟化氢、氯气等有毒气体抗性强。宜于在工矿区种植，不仅能吸收有毒气体，还能降尘降噪。

摆放位置

海桐株型圆整，四季常青，花味芳香，种子红艳，为著名的观叶、观果植物。可直接种植在庭院中观赏，也可以盆栽装饰阳台和客厅。

Tips 海桐根、叶和种子均可入药，根能祛风活络、散瘀止痛；叶能解毒、止血；种子能涩肠、固精。海桐皮也是一味药材，主治腰膝痛、风癣和风虫牙痛。

扶桑

学名：*Hibiscus rosa-sinensis*
别名：朱槿、佛槿、中国蔷薇
科属：锦葵科木槿属
茎的性质：多年生常绿灌木
原产地：原产地为中国，在全世界，尤其是热带及亚热带地区多有种植
花期：全年
花色：玫瑰红色、淡红色、淡黄色等

习性

扶桑是强阳性植物，要求日光充足，不耐阴，性喜温暖、湿润，不耐寒，不耐旱，在中国长江流域及以北地区，只能盆栽。耐修剪，发枝力强。对土壤的适应范围较广，但以富含有机质的酸性土壤最好。

植物功效

扶桑可以吸收空气中的苯和氯气，在新装修的房子里或新买的家具旁摆放一盆扶桑花，对吸收有毒气体很有效果。

摆放位置

扶桑枝条开展，花大而艳，可栽种于庭院中观赏，也可盆栽摆放在阳台、窗台等光照充足的室内。在光照充足的条件下，观赏期特别长。

Tips 扶桑花语为"纤细美、体贴之美、永葆清新之美"。其根、叶、花均可入药，有清热利尿、解毒消肿之功效。

八宝景天

学名：*Hylotelephium erythrostictum*

别名：华丽景天、长药八宝、大叶景天、八宝、活血三七、对叶景天、白花蝎子草

科属：景天科景天属

茎的性质：多年生肉质草本

原产地：中国东北地区和朝鲜均有分布

花期：8～10月

花色：白色、紫红色、玫红色、淡粉红色等

习性

性喜强光、干燥和通风良好的环境，亦耐轻度庇荫。不择土壤，耐贫瘠和干旱，要求排水良好，忌雨涝积水。植株强健，管理粗放。性耐寒，能耐零下20℃的低温。

植物功效

八宝景天在夜间能吸收大量的二氧化碳并释放出氧气，增加空气中负氧离子浓度，使空气保持清新，对人体健康非常有益。

摆放位置

八宝景天株型娇小可爱，盆栽八宝景天适宜摆放在客厅、阳台、书房等光照条件好的地方，可为居室增添生机。

Tips

八宝景天可全草入药，全年可采，有祛风利湿、活血散瘀、止血止痛之效，可用于治疗咽喉炎、荨麻疹、吐血、小儿丹毒、乳腺炎。另外，八宝景天外用可治疗疮痈肿、跌打损伤、鸡眼、烧烫伤、毒虫、毒蛇咬伤、带状疱疹、脚癣。

景天三七

学名：*Sedum aizoon*

别名：土三七、费菜、旱三七

科属：景天科景天属

茎的性质：多年生肉质草本

原产地：原产于亚洲东部

花期：6~8月

花色：黄色

习性

喜光照，喜温暖湿润气候，耐旱，耐严寒，不耐水涝。对土壤要求不严格，一般土壤即可生长，以沙壤土和腐殖质壤土生长最好。生长适温为15℃~20℃。

植物功效

在夜间，景天三七能吸收二氧化碳并释放出氧气，提高空气中负氧离子含量，使空气清新自然并利于睡眠。它对氟化氢、二氧化硫等有毒气体也有较强的抵抗力。

摆放位置

景天三七植株矮小，叶片厚实可爱，适宜种植在庭院中，也可摆放在阳台或向阳的窗台，还可以装饰客厅、卧室，但是需要经常晒太阳促进植株生长。

Tips

景天三七含有生物碱、齐敦果酸、谷甾醇、黄酮类、景天庚糖、果糖及维生素等成分。这些成分可防止血管硬化、降血脂、扩张脑血管，改善冠状动脉循环，从而达到降血压，预防卒中、心脏病的效果。

观音莲

将观音莲栽种在沙土中，并配以石块，可营造热带沙漠景观。

学名：*Sempervivum tectorum*
别名：长生草、观音座莲、佛座莲
科属：景天科长生草属
茎的性质：多年生肉质草本
原产地：原产于西班牙、法国、意大利等欧洲国家的山区，属于高山多肉植物
花期：6~7月
花色：粉红色

习性

喜温暖湿润、半阴的生长环境，生长适温为20℃~30℃，越冬温度为15℃。盆土要求疏松肥沃且具有良好的排水透气性。

植物功效

观音莲在夜间能吸收二氧化碳并释放出氧气，还可以吸收有毒气体，微量增加室内空气的湿度。另外，观音莲还有吸附灰尘的作用。

摆放位置

观音莲因株型像观音座下的莲花而得名，其风格独特，极富禅韵，用来布置书房、客厅、卧室和办公室等处，显得清新雅致。

Tips

观音莲与其他植物一样有向光的特性，在养护过程中要经常转盆，促使观音莲姿态端正，避免长歪。

石莲花

学名：*Echeveria secunda*
别名：玉蝶、宝石花、莲花掌
科属：景天科拟石莲花属
茎的性质：多年生肉质草本
原产地：原产于墨西哥伊达尔戈州，现为中国人的客厅里常见的多肉植物之一
花期：6～8月
花色：赭红色

习性

习性强健，对环境要求不高。在温暖干燥和阳光充足的环境下生长良好，耐干旱，不耐寒，忌阴湿，要求通风良好，也可常年放在室内光线明亮处。越冬适宜温度为5℃以上。

植物功效

石莲花可以防辐射，能吸收二氧化碳，释放氧气，能有效地降低室内二氧化碳的浓度，提高空气中负氧离子含量，保持空气清新，促进睡眠。

摆放位置

石莲花株型美观，小巧可爱，适合家庭盆栽观赏，宜布置在光线明亮的客厅、阳台等处。

Tips

石莲花的花语为"顽强、富贵、永恒"。

非洲菊

学名：*Gerbera jamesonii*

别名：扶郎花、灯盏花、秋英、波斯花、千日菊、太阳花、猩猩菊、日头花

科属：菊科大丁草属

茎的性质：多年生草本植物

原产地：原产地为南非，后引入英国，现世界各地广泛栽培

花期：全年可开花

花色：红色、白色、黄色、橙色、紫色等

习性

喜冬暖夏凉、空气流通、阳光充足的环境，不耐寒，忌炎热。冬季需全日照，但夏季应注意适当遮阴，并加强通风，以降低温度。喜肥沃疏松、排水良好、富含腐殖质的沙壤土，忌黏重土壤，宜微酸性土壤。

植物功效

非洲菊是抵抗甲醛和苯的"绿色武器"。在室内适当摆放，可清除因装修及使用办公设备而造成甲醛和苯的空气污染，从而保持室内空气清新。

摆放位置

非洲菊花朵硕大，花枝挺拔，花色艳丽，可直接栽种在庭院中。盆栽非洲菊常用来装饰门庭和客厅，其切花用于瓶插，插花可点缀案头、橱窗、客厅。

Tips

非洲菊对水分非常敏感，因此必须保证浇水的正确时间，在早晨或傍晚浇水，入夜时要使植株相对干燥。植株开始长根时必须从下部浇水，可以采用底部渗透的方式。高温期间可以从植株上方浇水，但要注意防止从植株中心部位开始产生的真菌霉变。

雏菊

粉红色的雏菊令人产生怜爱之心，不忍看其凋谢。

学名：*Bellis perennis*

别名：马头兰花、延命菊、春菊、太阳菊

科属：菊科雏菊属

茎的性质：多年生草本

原产地：原产于欧洲，为意大利国花，现中国各地庭院都有栽培，可作为花坛观赏植物

花期：2~5月

花色：白色、粉色、红色、玫瑰粉色和复色

习性

性喜冷凉气候，忌炎热。喜光，又耐半阴，对土壤要求不严格。种子发芽适温为22℃~28℃，生育适温为20℃~25℃。

植物功效

雏菊有很强的蒸散作用，可吸收家中电器、塑料制品等散发的有害气体，如甲醛、苯等，对三氯乙烯也有很好的吸附作用，具有很强的空气净化功能。

摆放位置

雏菊花期长，花色丰富、艳丽，可丛植在庭院中，早春开花时各色花交相辉映，是早春地被花卉的首选。也可盆栽摆放于阳台、窗台，为居家装饰添香添色。

Tips 雏菊的花语是"天真、和平、希望、纯洁的美"，以及"深藏在心底的爱"。

大丽花

大丽花花瓣层层叠叠，花朵硕大，挺拔而艳丽。

学名：*Dahlia pinnata*

别名：大理花、天竺牡丹、东洋菊、大丽菊、地瓜花

科属：菊科大丽花属

茎的性质：多年生草本

原产地：原产于墨西哥，墨西哥国花，是全世界栽培最广的观赏植物，20世纪初引入中国，现中国多个省区均有栽培

花期：6~12月

花色：红色、紫色、白色、黄色、橙色、墨色、复色等

习性

大丽花喜欢凉爽的气候，不耐干旱，不耐涝，喜半阴，阳光过强影响开花，光照时间一般需10~12小时，适宜栽培于疏松且排水良好的肥沃沙壤土中。

植物功效

大丽花能有效吸收二氧化硫、甲醛等空气污染物，同时有抗菌的作用。此外，它还可以监测空气中氮氧化物的污染状况。

摆放位置

大丽花色彩瑰丽，花朵优美，可种植在庭院中，美化庭院。矮生品种可作盆栽，摆放在光照条件较好的客厅、阳台等处，或剪下瓶插摆于茶几、书架上，极具观赏性。

Tips

大丽花根内含菊糖，在医学上有与葡萄糖同样的功效，还可活血散瘀，治跌打损伤。

瓜叶菊

学名： *Pericallis hybrida*

别名： 富贵菊、黄瓜花

科属： 菊科瓜叶菊属

茎的性质： 多年生草本

原产地： 原产于大西洋加那利群岛，现中国各地公园或庭院广泛栽培

花期： 3～7月

花色： 紫红色、淡蓝色、粉红色、白色等

习性

性喜温暖湿润且通风良好的环境。不耐高温，怕霜冻。一般于低温温室栽培，夜间温度不低于5℃，以10℃～15℃最为合适。瓜叶菊为喜光性植物，叶厚色深，花色鲜艳，其叶片大而薄，需保持充足的水分。

植物功效

瓜叶菊在居室中不仅能起到美化环境的作用，还可以吸收二氧化硫等空气污染物，并且能吸附灰尘杂质，保持空气清新。

摆放位置

瓜叶菊花朵鲜艳，花色丰富，是冬春时节主要的观赏植物之一。可以栽种在庭院中，也可盆栽装饰客厅卧室、书房、阳台等地。

Tips 瓜叶菊的花语是"喜悦、快活、快乐、合家欢喜、繁荣昌盛"，适宜在春节期间送给亲友，且此花色彩鲜艳，能表达美好的心意。

菊花

学名：*Dendranthema morifolium*

别名：寿客、金英、黄华、秋菊、陶菊、日精、女华、延年、隐逸花

科属：菊科菊属

茎的性质：多年生宿根草本

原产地：原产于中国，公元8世纪前后，由中国传至日本

花期：9~11月

花色：红色、黄色、白色、橙色、紫色、粉红色、暗红色等

习性

菊花的适应性强，喜凉，较耐寒，生长适温为18℃~21℃，最高可耐32℃的高温，可耐最低10℃，喜充足阳光，但也稍耐阴，较耐干，最忌积涝。喜土层深厚、富含腐殖质、肥沃而排水良好的沙壤土，忌连作。

植物功效

菊花具有良好的净化空气功能，能吸收甲醛、甲苯、氨气等有毒气体。此外，其降低二氧化碳浓度、吸附悬浮颗粒物和增加空气湿度的能力也很强，是室内优良的观赏盆花。

摆放位置

菊花品种繁多，花色丰富艳丽，不管是哪一品种，都非常美丽。不仅可以栽植在庭院中，还适合摆放在书房、茶室、阳台等地，瓶插菊花装点几案、餐桌，也别有意境。

Tips

菊花有顽强的生命力，寓意"高风亮节"，因陶渊明写过"采菊东篱下"，菊花由此得了"花中隐士"的封号。在日本，菊花是皇室的象征。

孔雀草

孔雀草火红的花色令人身心愉悦。

学名： *Tagetes patula*

别名： 小万寿菊、红黄草、西番菊、臭菊花、缎子花

科属： 菊科万寿菊属

茎的性质： 一年生草本

原产地： 原产于墨西哥，现分布于中国的四川、贵州、云南等地

花期： 7～9月

花色： 黄色、橙色

习性

喜阳光，但在半阴处栽植也能开花。它对土壤要求不高。既耐移栽，又生长迅速，栽培管理容易。撒落在地上的种子在合适的温度、湿度条件中可自生自长，是一种适应性极强的花卉。

植物功效

孔雀草能强有效地吸附灰尘，同时还能吸收空气中的有毒气体，其花释放的香味能起到杀菌的作用，可有效地保持空气的清新。

摆放位置

孔雀草用作盆栽，花色金黄耀眼，能使人心情愉快，调节精神紧张。盆栽多布置在室内阳台和东南向阳的窗台上。

Tips

孔雀草的花语是"爽朗、活泼、兴高采烈"。

"洋兰皇后"蝴蝶兰是年宵花卉中不可缺少的"明珠"。

学名：*Phalaenopsis aphrodite*

别名：蝶兰

科属：兰科蝴蝶兰属

茎的性质：多年生常绿附生草本

原产地：欧亚、北非、美洲和中国台湾地区

花期：4～6月

花色：红色、紫红色、粉红色、白色、黄色以及复色等

习性

蝴蝶兰生长于热带雨林地区，性喜暖畏寒。生长适温为15℃～20℃，冬季10℃以下就会停止生长，低于5℃容易死亡。最适宜的相对湿度范围为60%～80%。

植物功效

蝴蝶兰可以在夜间释放出氧气，增加空气中的氧气含量，放在室内，还可以清除异味，净化空气。叶片能吸收有毒气体，分解成自身生长所需的营养物质。

摆放位置

蝴蝶兰花朵颜色多彩，形如蝴蝶飞舞，株型婀娜多姿，有"洋兰皇后"的美称，非常受大众欢迎。盆栽常摆放在书桌、案几、花架上，也可以装饰客厅和卧室，显得清丽雅致、富有韵味。

Tips

蝴蝶兰的学名按希腊文的原意为"好似蝴蝶般的兰花"，素有"洋兰王后"之称，深受花迷们的青睐。其花语为"我爱你"，象征着高洁、清雅。

香龙血树

学名：*Dracaena fragrans*

别名：芳香龙血树、花虎斑木、王莲千年木、香花龙血树、香千年木

科属：龙舌兰科龙血树属

茎的性质：多年生常绿灌木

原产地：原产于非洲的加那利群岛和非洲几内亚等地，现中国已广泛引种栽培

花期：3～5月

花色：黄绿色

习性

性喜高温高湿及通风良好环境，较喜光，也耐阴，怕烈日，忌干燥干旱，喜疏松且排水良好的沙壤土。生长适温为20℃～30℃，休眠温度为13℃，越冬温度为5℃。

🌿 植物功效

香龙血树的叶片和根部能吸收二甲苯、甲苯、三氯乙烯、苯和甲醛，并将其分解为无害物质，达到净化空气的功效。

🌿 摆放位置

香龙血树植株挺拔、清雅，富有热带风情。可用于布置宽敞的客厅与门厅，端庄素雅，充满自然情趣。小型盆栽或水养植株，可点缀居室的窗台、书房和卧室，更显清丽、高雅。

Tips

香龙血树有"坚贞不屈、坚定不移、长寿富贵、吉祥如意"等寓意。高低错落种植的香龙血树，枝叶生长层次分明，还具有"步步高升"的寓意。

刺叶王兰

学名：*Yucca gloriosa*

别名：王兰、菠萝花、厚叶丝兰、凤尾丝兰、金棒兰

科属：龙舌兰科丝兰属

茎的性质：多年生木本

原产地：北美洲东部，世界各地多有引种

花期：7～9月

花色：白色至乳黄色

习性　性喜光，喜温暖湿润气候，耐高温，极耐寒，耐干旱，耐湿。

🌿 植物功效

刺叶王兰对二氧化硫和氟化氢有很强的抗性和吸收能力，研究发现，1千克刺叶王兰叶片可吸收266毫克的氟化氢。因对有害的气体有较强的抗性，常栽种在化工厂和工矿区，净化空气。

🌿 摆放位置

刺叶王兰叶色四季翠绿，花、叶皆美，可观叶赏花，而且姿态优美，花期持久，幽香宜人。可种植于庭院中，或盆栽放置在阳台、窗台等地，观赏性极佳。

Tips

刺叶王兰叶纤维洁白、强韧、耐水湿，有"白麻棕"之称。

朱蕉

学名：*Cordyline fruticosa*

别名：朱竹、铁莲草、红叶铁树、红铁树

科属：天门冬科朱蕉属

茎的性质：多年生直立灌木

原产地：原产地不详，今广泛栽种于亚洲温暖地区，中国广东、广西、福建、台湾等地常见栽培

花期：11月～翌年3月

花色：淡红色、青紫色、黄色

习性 性喜高温多湿气候，属半阴植物，不耐烈日暴晒，完全荫蔽叶片又易发黄，不耐寒，除广东、广西、福建等地外，均只宜置于温室内盆栽观赏，要求种植于富含腐殖质和排水良好的酸性土壤中。

植物功效

朱蕉可以净化室内空气，叶片和根部能够吸收苯、甲醛等有毒气体，并能将它们分解为无毒物质。朱蕉还有吸附空气中悬浮颗粒的功能，起到降尘的作用。

摆放位置

朱蕉株型美观，色彩华丽高雅，盆栽适用于室内装饰。盆栽幼株，点缀客厅和窗台，优雅别致，数盆摆设于橱窗、茶室，更显典雅高贵。也可以栽植在庭院中，为庭院增添色彩和生机。

Tips

朱蕉的花语为"青春永驻，清新悦目"。

竹柏

学名：*Nageia nagi*

别名：椰树、罗汉柴、椤树、山杉、糖鸡子、船家树、宝芳、铁甲树、猪肝树、大果竹柏

科属：罗汉松科竹柏属

茎的性质：多年生常绿乔木

原产地：日本，中国广东、广西等地

花期：3～4月

花色：黄绿色

习性

属耐阴树种，生长于半阴的环境中。适宜的年平均气温为18℃～26℃，抗寒性弱。喜温暖、湿润，适宜用疏松湿润的腐殖质土和呈酸性的土壤种植。

植物功效

竹柏有分解多种有害气体的功能，其叶片和树皮常年散发芳香气味，具有净化空气、抗污染和驱蚊的效果。

摆放位置

竹柏的枝叶青翠葱茏、株型小巧美观，叶片和树皮常年散发芳香气味。可摆放在书房和卫生间等地，不仅美观，还可驱蚊灭菌。

Tips　竹柏的花语是"坚贞、忠贞不渝"。竹柏常年苍翠，树干修直，叶形似竹，树干像柏，有"富贵、圆满"的含义。

大花马齿苋

大花马齿苋花色丰富，最适合不同花色的品种成片栽植观赏。

学名：*Portulaca grandiflora*

别名：半支莲、松叶牡丹、龙须牡丹、金丝杜鹃、洋马齿苋、太阳花

科属：马齿苋科马齿苋属

茎的性质：一年生草本

原产地：原产于巴西，大部分生于山坡、田野间，我国的公园、花圃常有栽培

花期：6~9月

花色：红色、紫色或黄白色

习性 性喜温暖、阳光充足的环境，阴暗潮湿之处生长不良。极耐瘠薄，一般土壤都能适应，对排水良好的沙壤土尤其钟爱。见阳光就开花，早、晚、阴天闭合，故有"午时花"之名。

植物功效

大花马齿苋能有效地吸收二氧化硫、氯气、乙烯和乙醚等有害气体，也能吸收由装修材料、新家具释放出的有毒气体，能净化室内空气，减轻其对人们身体健康的伤害。

摆放位置

盆栽大花马齿苋向阳而开，如锦似绣，中午最盛，可美化居室阳台、窗台，为居室增添无限情趣，别具一格。也可撒种于庭院中，花朵竞相开放，色彩绚丽，极具观赏性。

Tips 大花马齿苋可供药用，有散瘀止痛、清热解毒以及消肿的功效，可用于治疗咽喉肿痛、烫伤、跌打损伤、疮疖肿毒。

鹤望兰

学名：*Strelitzia reginae*

别名：天堂鸟、极乐鸟花

科属：鹤望兰科鹤望兰属

茎的性质：多年生草本

原产地：原产于非洲南部，中国南方大城市的公园、花圃多有栽培，北方则为温室栽培

花期：冬季

花色：暗蓝色

习性

鹤望兰属亚热带长日照植物。其喜温暖湿润、阳光充足的环境，畏严寒，忌酷热、忌旱、忌涝。要求排水良好、疏松肥沃、pH6～7的沙壤土。生长期适温为20℃～28℃。

植物功效

鹤望兰叶片宽大，可吸收周围环境中大量的二氧化碳，并释放出氧气，提高空气中负氧离子的浓度，使空气清新自然。它还能吸收甲醛，十分适合摆放在新置办的家具旁。

摆放位置

鹤望兰四季常青，植株别致，有清新、高雅之感。在我国华南地区，鹤望兰可丛植于院角，也可将两支鹤望兰高低搭配，摆放在几案、书架上，看似恋人在相偎相依，是室内观赏的佳品。

Tips 鹤望兰花语其一代表"无论何时、无论何地，永远不要忘记你爱的人在等你"；其二代表"能飞向天堂的鸟，能把情感、思念带到天堂"。

马拉巴栗

学名：*Pachira glabra*

别名：发财树、大果木棉、栗子树、中美木棉、美国花生

科属：木棉科瓜栗属

茎的性质：常绿或半落叶乔木

原产地：原产于澳洲和拉丁美洲的哥斯达黎加，现广泛分布于亚洲、美洲，中国台湾地区栽培最广泛，中国大陆地区所栽的植株多数从台湾地区引种

花期：7~8月

花色：黄绿色、白色

习性

耐旱力强，喜水也耐阴，幼苗在荫蔽处培育生长迅速，但不耐水淹，故栽培基质忌长期潮湿、积水。具弱酸性、排水良好的一般园土都能生长。

植物功效

马拉巴栗能吸收二氧化碳，净化空气，还能吸收电器产生的辐射。研究发现，每平方米马拉巴栗的叶在24小时内可吸收0.48毫克甲醛及2.37毫克氨气，能很好地保持室内空气的清新。

摆放位置

马拉巴栗的枝干可编成辫子状的造型，别致大方，摆放在客厅或书房，更显古典与雅致。

Tips

1986年，中国台湾地区的货柜车司机王清富因台风无法出车，待在家中帮太太编辫子。他一时突发奇想，把5棵马拉巴栗种在同一盆子里，并把它们的枝干屈曲成辫子状，改名为"发财树"出售，受到热烈的欢迎。

木棉

木棉开花时叶子还未长出，橘红色的花朵挂在枝上，火红艳丽。

学名：*Bombax ceiba*

别名：攀枝花、红棉树、英雄树

科属：木棉科木棉属

茎的性质：落叶大乔木

原产地：原产于印度，现分布在中国云南、四川、贵州、广西、江西、广东、福建、台湾等亚热带地区

花期：3～4月

花色：橘红色

习性

喜温暖干燥和阳光充足的环境。不耐寒，稍耐湿，忌积水。耐旱，抗污染、抗风力强，深根性，速生，萌芽力强。生长适温为20℃～30℃，冬季温度不低于5℃，以深厚、肥沃、排水良好的中性或微酸性沙壤土为宜。

植物功效

木棉在非花季时枝繁叶茂，能够吸收大量的二氧化碳，对于空气中的浮尘有着较强的吸附作用，故而净化空气的能力很强，常作为行道树及景观绿化树种。

摆放位置

木棉树姿挺拔，树形极具阳刚之美，开花时花大而美，花色醒目，可栽培在庭院中，春天先开花后长叶，可为庭院增添活泼与生机。

Tips

西双版纳的傣族可巧妙而充分地利用木棉。在汉文古籍中曾多次提到傣族织锦，取材于木棉的果絮，称为"桐锦"，闻名中原；用木棉的花絮或纤维作为枕头、床褥的填充料，十分柔软舒适。此外，在傣族情歌中，少女们常把自己心爱的小伙子夸作"高大挺拔的木棉树"。

月季

月季花开月月红。

学名：*Rosa chinensis*

别名：月月红、月月花、长春花、四季花

科属：蔷薇科蔷薇属

茎的性质：多年生常绿或半常绿灌木

原产地：月季原产于中国，有2000多年的栽培历史

花期：4～9月

花色：红色、粉色、白色、黄色、粉黄色、复色等

习性

性喜温暖、日照充足、空气流通的环境。大多数品种最适温度白天为15℃～26℃，晚上为10℃～15℃。冬季气温低于5℃即进入休眠。以疏松肥沃、富含有机质、微酸性、排水良好的壤土较为适宜。

植物功效

月季叶片可吸收空气中二氧化硫、氟化氢、苯等有害气体，能分泌杀菌素，可杀死空气中的细菌，保持空气洁净清新。月季还能降低噪声污染，适合园林绿化，也可在工厂边种植。

摆放位置

月季四季开花，色彩丰富艳丽，花香浓郁。适宜栽种在庭院中，也可以盆栽摆放在客厅、阳台，给人以明艳多姿之感。月季茎上有刺，要注意摆放在儿童接触不到的地方。

Tips

月季花可提取香料。根、叶、花均可入药，具有活血消肿、消炎解毒的功效。另外，月季还是一味妇科良药。中医认为，月季味甘、性温，入肝经有活血调经、消肿解毒之功效。

丽格海棠

学名：*Begonia×hiemalis*
别名：玫瑰海棠、丽格秋海棠
科属：秋海棠科秋海棠属
茎的性质：多年生草本
原产地：分布于热带及亚热带地区
花期：4～6月和9～12月
花色：红色、橙色、黄色、白色等

习性

丽格海棠为短日照植物，生长发育适温为18℃～22℃。适合在半阴环境下生长，性喜温暖、湿润的环境。喜排水良好、疏松肥沃的土壤。

植物功效

丽格海棠可以吸收甲醛，摆在居室，能有效清除家居中的有毒气体，起到净化空气的作用。

摆放位置

丽格海棠花期长，花色丰富，枝叶翠绿，株型丰满，是冬季美化室内环境的优良品种。

Tips 丽格海棠虫害较多，可以使用农药喷杀，但最好还是要减少农药的使用，因为农药虽然可以杀虫，但会使害虫产生抗药性，并且造成农药污染。可以采用自制的杀虫剂，如辣椒水、大蒜水。

垂叶榕

学名：*Ficus benjamina*

别名：垂榕、白榕、小叶榕、细叶榕、柳叶榕、马尾榕

科属：桑科榕属

茎的性质：多年生常绿乔木

原产地：中国南方地区、泰国、印度及马来西亚一带

花期：8～11月

花色：白色

习性

喜温暖湿润和阳光充足的环境，耐热、耐旱、耐湿、耐风、耐阴、抗污染，忌低温干燥环境。耐寒性较强，可短暂耐0℃低温。生长适温为13℃～30℃。对土质要求不高，但需肥沃和排水良好。耐强度修剪，可做各种造型，移植易活。

植物功效

垂叶榕是十分有效的"空气净化器"。它可以提高房间的湿度，有益于皮肤和呼吸。同时它还可以吸收甲醛、甲苯、二甲苯及氨气等有害气体，净化混浊的空气，提升空气清新度。

摆放位置

垂叶榕小枝微垂，摇曳生姿，绿叶青翠，典雅飘逸，节部发生许多气根，状如丝帘，中小型盆栽垂叶榕适合摆放在客厅、门厅、书房等处。

Tips

垂叶榕的气根、树皮、叶芽、果实具有清热解毒、祛风、凉血、滋阴润肺、发表透疹、催乳的作用，有很好的药用价值。此外，垂叶榕还可以净化空气，并充当装饰品。

印度橡胶树

经常对印度橡胶树的叶片上喷水，可以显著提高室内空气湿度。

学名： *Ficus elastica*

别名： 印度榕、橡皮树、印度胶树

科属： 桑科榕属

茎的性质： 多年生常绿木本

原产地： 原产于不丹、锡金、尼泊尔、印度东北部等国家

花期： 冬季

花色： 白色

习性

性喜高温湿润、阳光充足的环境。适宜生长温度为20℃～25℃，忌阳光直射，能耐阴但不耐寒，安全越冬温度为5℃，耐空气干燥。忌黏性土，不耐瘠薄和干旱，喜疏松肥沃和排水良好的微酸性土壤。

植物功效

印度橡胶树有很强的净化空气功能，并能有效地清除空气中的一氧化碳、氟化氢等有害物，对消除甲醛也很有效果。另外，它的叶片还能吸附粉尘，保证室内空气的清洁。

摆放位置

印度橡胶树常栽培在公园和路边做园林绿化，也可栽入庭院，家庭种植印度橡胶树以小型树种为好，摆放在宽敞的客厅或者门厅处，颇具热带风情。

Tips

印度橡胶树因其树叶及根内含有硬质橡胶，抗病虫害的能力很强。

人参榕

学名：*Ficus microcarpa*
别名：榕树、细叶榕、万年青
科属：桑科榕属
茎的性质：常绿小乔木和灌木
原产地：分布于我国广西、广东、海南、福建、云南、贵州，印度、缅甸和马来西亚也有培植
花期：5～6月
花色：黄白色

习性

人参榕喜温暖湿润和阳光充足的环境，不耐寒，耐半阴，生长适温为20℃～30℃，冬季棚室温度应不低于5℃。要求疏松肥沃、排水良好、富含有机质、呈酸性的沙壤土，碱性土易导致其叶片黄化、生长不良。

植物功效

人参榕的叶片、根系可以吸附室内空气中的灰尘，植株散发出的气味可驱除蚊虫和杀菌，能清除掉空气中的有害物质。

摆放位置

人参榕盆景独特自然，别致美观，寓意长寿吉祥。栽植养护简单，非常适合家养种植，可摆放在窗台、案几和阳台等地。

Tips 人参榕盆景，可每两年换盆一次，时间以春季出房前为最佳。先将花盆四周的土挑开，再轻轻取出硕大的块根植株，捣去一部分宿土，剪去一些无生命力的老化根系，重新选用新鲜肥沃、疏松排水、营养丰富的培养土栽好即可。

波士顿肾蕨

学名：*Nephrolepis exaltata var. bostoniens*
别名：球蕨、波士顿蕨
科属：肾蕨科肾蕨属
茎的性质：多年生常绿蕨类草本
原产地：原产于热带及亚热带地区，我国台湾地区有分布
花期：无花，无孢子，分株或走茎繁殖

习性

性喜温暖湿润及半阴环境，又喜通风，忌酷热。不能受强光直射，但也不能放在阴暗处培养。生长适温为15℃～25℃。盆栽波士顿肾蕨适宜选用腐叶土、河沙和园土的混合培养土，若有条件采用水苔作为培养基则生长更好。

植物功效

波士顿肾蕨是肾蕨的变种，它的适应性极强，具有吸收甲醛、废气的功能，同时可以吸收由于使用电器所产生的二甲苯和甲苯，可以有效地净化空气。

摆放位置

波士顿肾蕨株型美观，清新淡雅，叶片色泽明亮，轻盈飘逸，盆栽波士顿肾蕨适宜摆放在客厅、书房或电脑桌上。

Tips

波士顿肾蕨，又称"玉羊齿"，是波士顿的专家从原始肾蕨中经过改良选育而成的园艺品种。株高30～40厘米。叶片丛生，羽状复叶，叶姿下弯，青翠光亮，富有质感，被誉为肾蕨中的"首席代表"。

百子莲

百子莲蓝紫色的花朵给人以神秘、浪漫之感。

学名：*Agapanthus africanus*

别名：紫君子兰、蓝花君子兰、非洲百合

科属：石蒜科百子莲属

茎的性质：多年生宿根草本

原产地：原产于南非，现中国各地多有栽培

花期：7～8月

花色：蓝紫色、白色

习性 喜温暖湿润和阳光充足的环境。要求夏季凉爽、冬季温暖，5～10月温度为20℃～25℃，11月至翌年4月温度为5℃～12℃。夏季避免强光长时间直射，冬季栽培需阳光充足。土壤要求疏松肥沃且pH5.5～6.5的沙壤土，切忌积水。

植物功效

百子莲能抵抗氟化氢的侵袭，可通过光合作用释放出氧气，改善室内空气，有较好的净化空气的效果。

摆放位置

百子莲喜欢阳光充足的环境，可以丛植在庭院中，也可盆栽装饰居室，由于百子莲株型不大，比较适合摆放在光照条件好的阳台、窗台等地，置于书桌、花架上也能为居室添香增色。

Tips 百子莲是充满着神秘和浪漫色彩的爱情之花。百子莲又叫紫百合，在希腊语中，是"爱之花""浪漫的爱情""爱情降临"的代名词，是非常美好的花卉。

株型端庄，叶片肥厚，花色艳丽，是上等君子兰的标准。

学名：*Clivia miniata*

别名：大花君子兰、大叶石蒜、剑叶
石蒜、达木兰

科属：石蒜科君子兰属

茎的性质：多年生常绿草本

原产地：原产于非洲南部亚热带山地
森林中，是我国长春市的市花

花期：春夏季，有时冬季也可开花

花色：黄色、橘黄色、橙红色等

习性

忌强光，为半阴性植物，喜凉爽，忌高温。生长适温为15℃～25℃，低于5℃则
停止生长。喜肥厚、湿润和排水性良好的土壤，忌干燥环境。

植物功效

君子兰叶片有很多的气孔和绒毛，
能分泌出大量的黏液，可吸收空气中大
部分的粉尘、灰尘和有害气体，对室内
空气起到过滤的作用。因而君子兰是理
想的"除尘器"。

摆放位置

君子兰株型端庄优美，叶片苍翠挺
拔，花大色艳，果实红亮，宜摆放在没
有阳光直射、阴凉的客厅、书房等地。
因其晚上消耗氧气，不宜摆放在狭小的
卧室。

Tips

君子兰厚实光滑的叶片直立似剑，象征着坚强刚毅、威武不屈的高贵品
格。它丰满的花容、艳丽的色彩，象征着富贵吉祥、繁荣昌盛和幸福美
满，所以深受人们喜爱并广泛培育。

水仙

过年时，一簇一簇的水仙最适合摆放在窗台上迎接春天。

学名：*Narcissus tazetta var. chinensis*

别名：中国水仙、凌波仙子、金盏银台、落神香妃、玉玲珑、金银台

科属：石蒜科水仙属

茎的性质：多年生草本

原产地：分布于东亚以及中国的浙江、福建沿海岛屿等地，其中又以漳州最为集中

花期：春季

花色：鹅黄色

习性

喜阳光充足，能耐半阴，不耐寒。喜水、喜肥，适于温暖湿润的气候条件，喜肥沃的沙壤土。生长前期喜凉爽、中期稍耐寒、后期喜温暖。因此要求冬季无严寒夏季无酷暑、春秋季多雨的气候环境。

植物功效

水仙芳香清新，能吸收室内的废气，并释放出新鲜的空气，还能降低室内噪声，营造优雅舒服的居室环境。

摆放位置

水仙为"雪中四友"之一，摆放在客厅，能使人感到宁静和温馨。它只要一碟清水、几粒卵石，置于案头窗台，就能在万花凋零的寒冬腊月展翠吐芳，给人以超凡脱俗、春意盎然之感。

Tips 水仙花在过年时象征思念，表示团圆。水仙鳞茎多液汁，有毒，含有石蒜碱、多花水仙碱等多种生物碱，外科医生可用作镇痛剂，鳞茎捣烂敷治痈肿。

晚香玉

栽植在田野间的晚香玉婀娜多姿。

学名：*Polianthes tuberosa*

别名：夜来香、月下香

科属：石蒜科晚香玉属

茎的性质：多年生草本

原产地：原产于墨西哥和南美洲，中国北方比南方栽培多，是重要的切花之一

花期：7～9月

花色：乳白色

习性

性喜温暖湿润、阳光充足的环境，生长适温为20℃～30℃。对土质要求不高，以黏质壤土为宜，对土壤湿度反应较敏感，喜肥沃、潮湿但不积水的土壤。

植物功效

晚香玉对二氧化硫、氯气及氯化氢等有害气体有很强的抵抗能力，并且一天之中能够吸收大量的二氧化碳并释放氧气，提高空气中负氧离子的浓度，有利于身心健康。

摆放位置

晚香玉夜晚会散发出浓郁的香气，所以叫作晚香玉。但是香气过于浓郁会让人感觉到呼吸困难，因此晚香玉不宜放在卧室内，可摆放在客厅、阳台等处，也可剪下插瓶装饰客厅。

Tips 晚香玉的花语是"危险的快乐"。其添加在食品中，能赋予食品以独特的晚香玉气味。

石竹

石竹花朵繁茂，色彩绚烂，且观赏期较长。

学名：*Dianthus chinensis*

别名：洛阳花、中国石竹、中国沼竹、石竹子花

科属：石竹科石竹属

茎的性质：多年生草本

原产地：原产于中国北方，现南北方普遍生长，俄罗斯西伯利亚和朝鲜也有栽培

花期：5～6月

花色：紫红色、粉红色、鲜红色或白色

习性

其性耐寒、耐干旱，不耐酷暑，夏季多生长不良或枯萎，栽培时应注意遮阴降温。喜阳光充足、干燥，通风及凉爽湿润气候。要求肥沃疏松、排水良好及含石灰质的壤土或沙壤土，忌水涝，好肥。

植物功效

因石竹的叶片粗糙，茎的表面还有糙毛，所以能够有效地吸附空气中的灰尘。通过叶片的气孔还能吸收空气中的二氧化硫和氯气，使空气得到净化。

摆放位置

石竹花色丰富且鲜艳，是室内良好的观花植物。花朵聚生枝顶，放在较低矮的桌面，赏花更佳，也可放在阳光充足的地方，使花色更加鲜艳。适合在阳台、窗台、客厅等处摆放。

Tips

石竹的花语为"纯洁的爱、才能、大胆、女性美"。宋代王安石爱慕石竹之美，又怜惜它不被人们所赏识，写下《石竹花》二首，其中一首为"春归幽谷始成丛，地面芬敷浅浅红。车马不临谁见赏，可怜亦解度春度"。

虎尾兰

如剑一般的虎尾兰叶片交错着黄绿色与深绿色的斑纹。

学名：*Sansevieria trifasciata*

别名：虎皮兰、锦兰、千岁兰、虎尾掌、黄尾兰

科属：天门冬科虎尾兰属

茎的性质：多年生草本

原产地：分布在非洲热带和印度地区，中国各地均有栽培

花期：11~12月

花色：淡绿色、白色

习性

适应性强，性喜温暖湿润，耐干旱，喜光又耐阴。对土壤要求不高，以排水性较好的沙壤土为宜。其生长适温为20℃~30℃，越冬温度为10℃。

植物功效

虎尾兰有很好的净化空气的功能，可有效地清除二氧化硫、氯、乙醚、乙烯、一氧化碳、过氧化氮等有害物。在夜间它也可以吸收二氧化碳，释放出氧气，有利于保持空气的清新。

摆放位置

虎尾兰叶片坚挺直立，对环境的适应能力强，为常见的家庭盆栽观叶植物，观赏期较长，适合布置装饰在光线充足的书房、客厅和阳台，也可摆放在卧室。

Tips

虎尾兰的花语是"坚定、刚毅"。虎尾兰可作为药材，能够清热解毒，治疗感冒咳嗽、支气管炎、跌打损伤等。

龙舌兰

学名：*Agave americana*

别名：龙舌掌、番麻

科属：天门冬科龙舌兰属

茎的性质：多年生常绿草本

原产地：原产于美洲热带，中国华南及西南各省区常引种栽培

花期：6~7月

花色：黄绿色

习性

性喜阳光充足，稍耐寒，不耐阴，喜凉爽、干燥的环境，生长适温为15℃~25℃，冬季凉冷干燥对其生长最有利，耐旱力强，对土壤要求不高，以疏松肥沃及排水良好的湿润沙壤土为宜。

🌿 植物功效

龙舌兰能有效地净化家居空气，据统计，在10m²左右的房间内，龙舌兰可吸收空气中70%的苯、50%的甲醛和24%的三氯乙烯，净化效果十分显著。

🌿 摆放位置

龙舌兰叶片坚挺美观、四季常青，盆栽龙舌兰适合布置小庭院和厅堂，栽植在花坛中心、草坪一角，能增添热带风情。

Tips

在墨西哥东北部，龙舌兰的叶子被人们用来喂牲畜。墨西哥人用榨干汁液的龙舌兰根茎废料造纸，造出的"龙舌兰纸"颇似中国古代泛黄的树皮纸。此外，墨西哥人还用龙舌兰的芽来制造绳子、箱子、网、桌布等。

白掌

学名： *Spathiphyllum kochii*

别名： 白鹤芋、和平芋、苞叶芋、一帆风顺

科属： 天南星科苞叶芋属

茎的性质： 多年生常绿草本植物

原产地： 原产于美洲热带地区，现世界各地广泛栽培

花期： 5～8月

花色： 白色

习性

喜高温高湿，也比较耐阴。白掌叶片较大，对湿度比较敏感，怕强光暴晒，夏季遮阴60%～70%，但长期光照不足，则不易开花。土壤以肥沃、含腐殖质丰富的壤土为好。生长适温为22℃～28℃。

植物功效

白掌可以净化室内空气，对吸收氨气、丙酮、苯和甲醛等有害物有一定功效。水培的白掌，可以通过蒸散作用调节室内的温度和湿度，能有效净化空气中的挥发性有机物。

摆放位置

白掌花茎挺拔秀美，可以丛植在庭院池畔、墙角处的荫蔽地点，显得别具一格。也可盆栽点缀客厅、书房，十分高雅和别致。

Tips

白掌的花和汁液有毒，但植株表面无毒。所以平日里不要去触碰白掌的花蕊，平时修剪白掌之后要及时洗手，最好在修剪的时候戴上手套。如若中毒，只要不继续接触白掌的花蕊和汁液，中毒症状就会慢慢消失。

绿巨人白鹤芋

学名： *Spathiphyllum floribundum*

别名： 绿巨人、包叶芋、万年青白鹤芋、白掌

科属： 天南星科苞叶芋属

茎的性质： 多年生常绿草本

原产地： 原产于哥伦比亚

花期： 4~8月

花色： 初开时花色洁白，后转绿色，由浅而深

习性　绿巨人白鹤芋喜高温、高湿环境和富含腐殖质的土壤。生长适温为22℃~28℃。夏季要保持盆土湿润并注意遮阳。冬季温度不低于8℃。现多用组培法繁殖，为观叶植物中最耐阴的种类之一。

植物功效

绿巨人白鹤芋可吸收空气中的氨气、丙酮、苯和甲醛。有结果显示，它每平方米的叶面积24小时内便能吸收1.09毫克甲醛及3.53毫克氨气，能很好地保持室内空气的清新。

摆放位置

绿巨人白鹤芋四季青翠，花朵洁白，病虫害少，栽培管理简单，适于装饰客厅、书房等地，是观叶、观花俱佳的优良室内观赏植物，其花也是极好的插花材料。

Tips　绿巨人白鹤芋的花语为"事业有成、一帆风顺"。通常作为开业、节日庆典等活动的商务礼仪用花，在欧洲被视为"清白之花"。

大王黛粉叶

学名：*Dieffenbachia amoena*

别名：黛粉叶、大王万年青、巨花叶万年青、花叶万年青

科属：天南星科黛粉叶属

茎的性质：多年生常绿草本植物

原产地：原产于巴西、中美洲、南美洲的热带地区

花期：不易开花，有苞片

花色：绿色苞片

习性　性喜高温、高湿及半阴环境。不耐寒，冬季最低温度需保持在15℃以上。要求疏松肥沃、排水良好的土壤。

植物功效

大王黛粉叶能够吸收甲醛、一氧化碳、氯气、三氯乙烯及苯类化合物等有害气体，能够很好地净化空气，保持室内空气清新，有利于人体健康。

摆放位置

大王黛粉叶色彩明亮强烈，优美高雅，适合盆栽观赏，点缀客厅、书房十分幽雅别致。幼株小盆栽，可置于案头、窗台观赏。中型盆栽可放在客厅墙角、沙发边作为装饰，令室内充满生机。

Tips　大王黛粉叶生长较快，每年春季要更换一次大一号的盆。一般于4~5月换盆，要注意不要碰伤植物，以免其叶片和茎的汁液接触到皮肤而出现意外伤害。

银皇后

学名： *Aglaonema silver queen*

别名： 银皇后万年青、银后粗肋草、银后亮丝草

科属： 天南星科广东万年青属

茎的性质： 多年生常绿草本

原产地： 原产于南美洲，中国广东、福建各热带城市普遍栽培

花期： 2～4月

花色： 黄白色

习性

喜温暖湿润和半阴的环境，不耐寒，怕强光暴晒，不耐干旱。生长适温为20℃～27℃。以肥沃的腐叶土和河沙各半的混合土为宜。适合通风条件不佳的阴暗房间。

植物功效

银皇后具有独特的空气净化能力，可以有效地吸收空气中的甲醛和尼古丁，并将吸收的有毒物质转化为自身需要的物质并吸收。空气中污染物的浓度越高越能发挥它的功能。

摆放位置

银皇后为喜阴植物，其叶片上有斑纹点缀，颜色美丽。盆栽适合放置在客厅点缀，给人以清新舒适的感觉。

Tips

银皇后的花语是"仰慕"。银皇后是有毒的，它的茎秆折断后，会分泌透明液体，其辣度胜过黄色灯笼椒，且效用持久。在家中栽植时，一定要防止儿童折断茎叶玩耍时，不慎舔食入口。

龟背竹

学名：*Monstera deliciosa*
别名：蓬莱蕉、龟背蕉、电线兰
科属：天南星科龟背竹属
茎的性质：多年生木质藤本攀缘性常绿灌木
原产地：原产于墨西哥，各热带地区多引种栽培供观赏
花期：8~9月
花色：黄色

习性

喜温暖潮湿环境，切忌强光暴晒和干燥，耐阴，易生长于肥沃疏松、吸水量大、保水性好的微酸性壤土，以腐叶土或泥炭土最好。最适宜生长的温度为15℃~20℃，气温超过30℃或低于5℃则生长停滞。

植物功效

龟背竹有晚间吸收二氧化碳的功能，对改善室内空气质量、提高含氧量有很大帮助。另外，它具有吸收甲醛、苯、TVOC等有害气体的特点，是一种理想的室内植物。

摆放位置

龟背竹叶形奇特，孔裂纹状，极像龟背。叶片常年碧绿，极为耐阴，适合摆放在客厅和卧室，是有名的室内大型盆栽观赏植物。其寓意为健康长寿。

Tips

龟背竹汁液有毒，对皮肤有刺激和腐蚀作用。果实味美可食，但常具麻味。果实成熟后可用来做菜食，有甜味，香味像凤梨或香蕉。但要注意果实未成熟不能吃，因为有较强的刺激性。在原产于地居民称这种果实为"神仙赐给的美果"。

滴水观音

学名：*Alocasia macrorrhiza*

别名：海芋、巨型海芋

科属：天南星科海芋属

茎的性质：多年生常绿草本

原产地：原产于中国南方，东南亚

花期：全年可开花

花色：雌花序白色，雄花序绿白色或淡黄色

习性　喜高温潮湿，耐阴，不宜强风吹，不宜强光照，生长适温为20℃～25℃，越冬温度为10℃～15℃。夏季盆栽须遮半阴。用一般园土加泥炭土、沙、草皮土和腐叶土栽培。

植物功效

滴水观音生长旺盛，能吸收大量的二氧化碳并释放氧气，维持二氧化碳与氧气的平衡，改善气候，还能减弱噪声，吸收粉尘，调节湿度，净化空气，是不可多得的观叶植物。

摆放位置

滴水观音株形挺拔，茎秆粗壮古朴。它喜欢潮湿、半阴的环境，可丛植在庭院的墙角处，也可摆放在客厅、阳台等处，夏季注意遮阴。滴水观音的汁液有毒，注意不要误食。

Tips　滴水观音有药用价值，球茎和叶可以入药，其叶汁入口会引起中毒，根茎有毒。在空气温暖潮湿、土壤水分充足的条件下，滴水观音便会从叶尖端或叶边缘向下滴水，而且开的花像观音，因此称之为滴水观音。

合果芋

学名：*Syngonium podophyllum*

别名：紫梗芋、剪叶芋、丝素藤、白蝴蝶、箭叶

科属：天南星科合果芋属

茎的性质：年生蔓性常绿草本

原产地：原产于中美洲、南美洲的热带雨林中

花期：一般不易开花

花色：佛焰苞浅绿色或黄色

习性

喜高温多湿的环境，不耐寒，怕干旱和强光暴晒。喜欢疏松肥沃、排水良好的微酸性土壤。适应性强，生长健壮，能适应不同光照的环境。生长适温为22℃～30℃。

植物功效

合果芋宽大漂亮的叶子可以提高空气湿度，并能吸收大量的甲醛和氨气，提高室内的负氧离子浓度，对人的身体健康十分有益，是一种很好的室内栽培植物。

摆放位置

合果芋株态优美，叶形多变，色彩清雅，而且栽培简便，特别耐阴。其装饰效果极佳，特别适合用于客厅、书房的装饰。小型盆栽合果芋还可悬吊在门厅、花架上，为居室增添趣味。

Tips

合果芋是一种很有趣的植物，其叶子的颜色在地上的时候是白色的，但当它攀附到树上时，叶的颜色就会变深变绿。叶的形状也会随着改变，在地上的时候是盾形的，随着植株攀附到树上，叶可以分裂到七八片之多，所以会给人一种它们不是同一种植物的错觉。

佛焰苞半包裹着紫色的花序，像一个穿着紫色斗篷盼归的少女。

学名： *Anthurium andraeanum*

别名： 红鹅掌、火鹤花、安祖花、花烛

科属： 天南星科花烛属

茎的性质： 多年生常绿草本

原产地： 原产于哥斯达黎加、哥伦比亚等热带雨林地区，欧洲、亚洲、非洲皆有广泛栽培

花期： 常年开花

花色： 佛焰苞橙红色或猩红色，肉穗花序黄色

习性

性喜温热多湿而又排水良好的半阴环境，怕干旱和强光暴晒。

植物功效

红掌可以吸收氨气、丙酮等废气，也可以吸收装修残留的如甲醛等各种有害气体，同时可以保持空气湿润，避免人体鼻黏膜干燥，对人体健康十分有益。

摆放位置

红掌花叶俱美，花期长，为优质的切花材料，可瓶插或制作成花篮装饰客厅、书房。盆栽红掌可摆放在书桌、花架和窗台上，姿态挺拔，充满朝气。

Tips

大多红掌会在根部自然地萌发许多小吸芽，争夺母株营养，而使植株保持幼龄状态，影响株形。摘去吸芽可从早期开始，以减少对母株的伤害。

绿萝

绿萝生命力顽强，繁殖方法简单，盆栽最适合摆放在室内。

学名：*Epipremnum aureum*

别名：魔鬼藤、黄金葛、黄金藤、桑叶

科属：天南星科麒麟叶属

茎的性质：多年生常绿草本

原产地：原产于印度尼西亚所罗门群岛的热带雨林，现广植亚洲各热带地区

花期：一般不易开花

花色：不详

习性

喜湿热的环境，喜散射光，忌阳光直射，喜阴。喜富含腐殖质、疏松肥沃、微酸性的土壤。越冬温度不应低于15℃。它遇水即活，具有顽强的生命力，被称为"生命之花"。

植物功效

绿萝能有效吸收空气中的甲醛、苯和三氯乙烯等有害气体，还可以分解吸收由复印机、打印机排放出的苯。因此有"绿色净化器"的美名。

摆放位置

绿萝四季常绿，长枝披垂，是优良的观叶植物，既可让其攀附于用棕扎成的圆柱、树干上，也可培养成悬垂状置于书房、窗台。

Tips

绿萝的花语是"守望幸福"，在家中摆上一两盆绿萝，色彩明快、极富生机，蔓延下来的绿色枝叶，既可以装点居室，又能够净化空气，因此深受人们喜爱。

彩叶芋

学名： *Caladium bicolor*

别名： 五彩芋、二色芋、花叶芋

科属： 天南星科五彩芋属

茎的性质： 多年生常绿草本

原产地： 原产于南美洲亚马孙河流域，我国广东、福建、台湾、云南常栽培，也有逸生的

花期： 4月

花色： 黄色、橙黄色

习性

喜高温、多湿和半阴环境，不耐寒。生长期为6～10月，适温为21℃～27℃。土壤要求肥沃疏松和排水良好的腐叶土或泥炭土。土壤过湿或干旱对彩叶芋叶片生长不利，块茎湿度过大容易腐烂。彩叶芋喜散射光，但不宜过分强烈。

🌱 植物功效

彩叶芋是天然的"空气加湿器"，它能增加整个室内空气的湿度。因其叶片上的绒毛可以吸附空气中飘浮的微小颗粒和尘埃，使空气洁净、清新，所以，它还被称作"天然除尘器"。

🌱 摆放位置

彩叶芋叶片斑斓美丽，在气候温暖地区可庭院栽培。小型盆栽彩叶芋可摆放在室内客厅、窗台等处，大型盆栽可用来装饰门厅。注意其块茎有毒，误食后会使喉舌麻痹。

Tips

彩叶芋的花语为"喜欢、欢喜、愉快"。彩叶芋的叶片上泛布各种斑点或斑纹，色泽美丽，极为明艳雅致，是观叶植物中色彩最为亮丽的品种之一，颇受人们喜爱。

长心叶蔓绿绒

学名：*Philodendron erubescens*

别名：绿宝石喜林芋、绿宝石、海南菜豆树

科属：天南星科喜林芋属

茎的性质：多年生常绿藤本

原产地：原产于美洲热带和亚热带地区

花期：11月-翌年1月

花色：白色

习性

性喜温暖湿润和半阴的环境。喜明亮的光线，忌强烈日光照射，但亦可忍耐阴暗的室内环境。在富含腐殖质且排水良好的土壤中生长良好。生长适温为20℃~28℃，越冬温度为5℃。

植物功效

长心叶蔓绿绒是生物界的"空气净化器"，它可透过叶子上的气孔吸收甲醛，并将其转化为无害的养分。它还可以吸收空气中的苯及三氯乙烯，尤其适合摆放在刚装修完的室内。

摆放位置

长心叶蔓绿绒叶片宽大浓绿，株型规整，它具有气生根和茎蔓生的习性，所以常被栽培成图腾柱的形式。一般将其培养成大中型盆栽后摆放在客厅，富有热带风情。

Tips 长心叶蔓绿绒与绿萝外形相似，容易混淆，可从叶子上加以区分，长心叶蔓绿绒的叶子是"V"字形的，叶柄要长些；绿萝的叶子是圆形的，叶柄相对较短。而且，长心叶蔓绿绒的叶子要比绿萝大很多。

心叶喜林芋

学名：*Philodendron gloriosum*

别名：圆叶蔓绿绒、心叶喜树蕉

科属：天南星科喜林芋属

茎的性质：多年生常绿藤本

原产地：原产于哥伦比亚

花期：一般不易开花

花色：白色

习性

性喜温暖潮湿的环境，冬季越冬温度宜在8℃以上。耐阴性较强，室内盆栽可放置于疏阴处。喜通气性良好的腐殖质土壤。

植物功效

心叶喜林芋叶片较大，对甲醛有较强的吸收能力，还可以吸收一氧化碳、二氧化硫等室内有害气体。暴露在空气中的气生根也可以吸收有毒气体，并将其转化分解为自身所需要的物质进行吸收。

摆放位置

心叶喜林芋四季葱翠，绿意盎然，耐阴性强，是良好的室内观叶植物。将其培养成大型植株，可摆放在办公室、客厅和酒店厅堂处。

Tips

心叶喜林芋夏季要避免阳光直射，冬季温室温度需保持在15℃以上。生长旺季要保证水分供应，使盆土处于湿润状态，每3～4周浇施1次以氮肥为主的复合液肥，并要经常向地面喷水，保持较高的空气湿度。

铁线蕨

学名：*Adiantum capillus-veneris*

别名：铁丝草、少女的发丝、铁线草、水猪毛土

科属：铁线蕨科铁线蕨属

茎的性质：多年生草本

原产地：分布于非洲、美洲、欧洲、大洋洲及亚洲温暖地区

花期：无花，以孢子繁殖

花色：孢子淡黄绿色，老时棕色

习性 生长适宜温度为白天21℃～25℃，夜间12℃～15℃。喜明亮的散射光，怕太阳直晒。在室内应放在光线明亮的地方。喜疏松透水、肥沃的石灰质土、沙壤土，盆栽时培养土可用壤土、腐叶土和河沙等量混合而成。

植物功效

铁线蕨的叶片可以吸附灰尘，净化空气中的有害气体，如甲醛等。其光合作用强盛，可以吸收二氧化碳，释放氧气，使空气保持清新。

摆放位置

铁线蕨喜阴，适应性强，栽培容易，适合盆栽摆放在室内，可常年观赏。小盆栽可以置于案头、茶几上，较大盆栽可用以布置背阴房间的窗台、过道或客厅。

 **Tips** 铁线蕨每小时能吸收大约20μg的甲醛，因此被认为是最有效的生物"净化器"。常年与油漆、涂料打交道者，或吸烟者，可在身处场所放置几盆铁线蕨。另外，它还可以吸收由于使用电器而产生的有害气体，如打印机中释放的二甲苯和甲苯。

洋常春藤

洋常春藤可以攀爬在树干或者墙壁上。

学名： *Hedera helix*

别名： 西洋常春藤

科属： 五加科常春藤属

茎的性质： 常绿攀缘灌木

原产地： 原产于欧洲，现世界各地普遍栽培

花期： 9~11月

花色： 淡黄白色或淡绿白色

习性

性喜阴，对环境适应性很强，耐寒力强，容易栽培。对土壤、水分条件要求不高，但在肥沃而且湿润的土壤上生长最好，不耐碱性土壤。

植物功效

洋常春藤可以通过叶片上的微小气孔，吸收空气中有害物质，并将其转化为无害的物质。一盆洋常春藤甲醛的吸附量相当于10克椰维炭的甲醛吸附量，有较强的净化空气的作用。

摆放位置

洋常春藤叶色浓绿，四季常青，是室内外很受欢迎的攀缘观赏植物，既可种植于庭院中，形成四季常青的立体绿化景观，又可盆栽摆放在室内观赏。

Tips

洋常春藤果实、种子和叶子均有毒，孩童误食会引起腹痛、腹泻等症状，严重时会引发肠胃发炎、昏迷，甚至导致呼吸困难等。但其茎叶也可当作发汗剂以及解热剂。

鹅掌藤

学名：*Schefflera arboricola*

别名：七叶莲、七叶藤、七加皮、汉桃叶

科属：五加科鹅掌柴属

茎的性质：常绿藤状灌木

原产地：产于中国台湾、广西及广东地区

花期：7月

花色：白色

习性

喜温暖及高湿润气候，耐阴，耐寒，不耐干旱。对阳光适应范围广，在全日照、半日照、半阴下均可生长良好，日照充足时叶色亮绿，日照不足时叶色浓绿。对水分的适应性强，对土壤要求不高。

植物功效

鹅掌藤能给吸烟家庭带来新鲜的空气，叶片可吸收空气中的尼古丁和其他有害物质，并将之转换为无害的植物自有物质。另外，它能把空气中的甲醛浓度每小时降低大约9毫克。

摆放位置

鹅掌藤可庭院种植，也可放在庭院荫蔽处和楼房阳台上观赏，盆栽布置客厅、书房和卧室，雅观别致。

Tips

鹅掌藤有行气止痛、活血消肿、辛香走窜、温通血脉的功效，既能行气开瘀止痛，又能活血生新。民间将其用于治疗风湿性关节炎、骨痛骨折、扭伤挫伤以及腰腿痛、胃痛和瘫痪等。

量天尺

学名：*Hylocereus undatus*

别名：霸王鞭、霸王花、剑花、三角火旺、三棱柱、三棱箭

科属：仙人掌科量天尺属

茎的性质：附生性多肉植物

原产地：中美洲至南美洲北部，美国夏威夷州、澳大利亚、中国等世界各地广泛栽培

花期：7~12月

花色：白色、红色

习性 喜温暖。宜半阴，在直射强阳光下植株发黄。生长适温为25℃~35℃。对低温敏感，在5℃以下，茎节容易腐烂。喜含腐殖质较多的肥沃壤土，盆栽用土可用等量的腐叶、粗沙及腐熟厩肥配制。

植物功效

量天尺为景天酸代谢植物，可以在夜间吸收二氧化碳，释放出氧气，提升空气中负氧离子的浓度，清新空气。对甲醛、苯、氡、氨、TVOC等有害气体也有很好的吸收效果。

摆放位置

量天尺株型挺拔大气，喜光，可露地栽培在庭院的墙角、边地，营造出热带风光。盆栽量天尺可用来装饰阳台和客厅。需注意量天尺周身有刺，勿让儿童触摸。

Tips 广东人习惯用量天尺煲猪骨，加上蜜枣或少许罗汉果，煲一两个小时即成老火靓汤，清甜芳香，具有清热润肺、除痰止咳的功效，尤其适合于长期吸烟饮酒的人士饮用。

金琥

金琥周身布满黄刺，花盆中铺上白色石头，更衬其色泽金黄。

学名： *Echinocactus grusonii*

别名： 象牙球、金桶球

科属： 仙人掌科金琥属

茎的性质： 多年生多肉类草本

原产地： 原产于墨西哥中部炎热干燥的沙漠地区，中国有引种，现世界各地广泛栽培

花期： 6~10月

花色： 黄色

习性

性喜阳光充足，多喜肥沃、透水性好的沙壤土。夏季高温炎热期应适当荫蔽，以防球体被强光灼伤。

植物功效

金琥夜间可吸收二氧化碳并释放出氧气，增加空气中的负氧离子浓度，使空气保持清新。金琥还能吸收和削弱电磁辐射，适合摆放在家电周围。

摆放位置

金琥体积小，不占空间，可摆放在客厅、书房、阳台等处，在电脑旁边放置一小盆金琥，可减少电脑辐射对人体的伤害。金琥有刺，注意避免放在儿童经常活动的区域。

Tips

野生的金琥是极度濒危的植物。金琥球体浑圆碧绿，刺色金黄，刚硬有力，为强刺类品种的代表种。盆栽可长成规整的大型标本球，点缀厅堂，更显金碧辉煌，为室内盆栽植物中的佳品。

令箭荷花

学名：*Nopalxochia ackermannii*

别名：孔雀仙人掌、孔雀兰、荷令箭

科属：仙人掌科昙花属

茎的性质：多年生草本

原产地：原产于美洲热带地区，以墨西哥最多，中国多以盆栽为主

花期：4～6月

花色：紫红色、大红色、粉红色、洋红色、黄色、白色、蓝紫色等

习性

喜光照和通风良好的环境，但在炎热、高温、干燥的环境下要适当遮阴，怕雨水。要求肥沃疏松和排水良好的微酸性沙壤土，有一定抗旱能力。

植物功效

令箭荷花具有非常强的净化空气能力，能够在夜间吸收二氧化碳，同时释放氧气，保持空气中的负氧离子浓度，对人体非常有益。

摆放位置

令箭荷花花色品种繁多，其色彩艳丽、香气幽郁，深受人们喜爱，盆栽令箭荷花可用来点缀客厅、书房的窗前、阳台、门廊，为色彩、姿态、香气俱佳的室内优良盆花。

Tips　家养令箭荷花往往出现生长繁茂而不见开花的情况，这是由于摆放位置过分遮阴，加之施肥过量所造成的（尤其不能过量施氮肥）。同时，节制肥水管理是促使其育蕾开花的重要环节。

仙人球

学名：*Echinopsis tubiflora*

别名：草球、长盛丸、短毛丸

科属：仙人掌科仙人球属

茎的性质：多年生多肉类草本

原产地：产于南美洲，一般生长在高热、干燥、少雨的沙漠地带

花期：夏季

花色：白色、红色、黄色、橙色、绿色等

习性　喜欢温暖、干燥的环境，耐旱，喜欢充足的光照，但夏天不宜长时间暴晒，不耐寒，怕积水，喜欢生于排水良好的沙壤土。

植物功效

仙人球能吸收二氧化碳以及氮氧化物，同时释放氧气增加空气中的含氧量，使人感到空气清新。仙人球还可吸附灰尘，起到降尘的作用。

摆放位置

仙人球适合摆放在光线条件好的阳台、窗台、茶几、书桌上，卧室里放一盆仙人球盆栽有利于睡眠，注意仙人球周身是刺，小心被刺伤。

Tips　可食用仙人球和观赏性仙人球的区别：可食用仙人球颜色主要为墨绿色，闻起来清新自然；观赏性仙人球颜色为淡色，不会散发什么气味。

黄毛掌

黄毛掌被有黄色或白色小刺，养在小盆中十分可爱。

学名：*Opuntia microdasys*

别名：金乌帽子

科属：仙人掌科仙人掌属

茎的性质：多年生多肉类草本

原产地：原产于墨西哥北部，中国也有引种栽培

花期：夏季

花色：淡黄色

习性　性强健，喜阳光充足。较耐寒，冬季维持在5℃～8℃即可。对土壤要求不高，在沙壤土中生长较好。

植物功效

黄毛掌可以吸收空气中的一氧化碳、二氧化碳和氮氧化物，能净化空气，还可以提高空气中负氧离子浓度，使空气保持清新，有益于人体健康。

摆放位置

黄毛掌栽培简单，繁殖容易，种植区域广泛，盆栽黄毛掌适合摆放在光照条件好的阳台、窗台、客厅等地。但要避免儿童触摸。

Tips　黄毛掌有时会发生炭疽病和焦斑病危害，可用10%抗菌剂401醋酸溶液1000倍液喷洒。虫害有介壳虫和粉虱危害，用40%氧化乐果乳油1000倍液喷杀。

仙人指

学名：*Schlumbergera bridgesii*

别名：仙人枝、圣烛节、仙人掌

科属：仙人掌科仙人指属

茎的性质：附生性多肉植物

原产地：原产于南美洲热带森林之中，现世界各地多有栽培

花期：2月

花色：紫色、红色、白色等

习性 喜温暖湿润气候，土壤宜富含有机质及排水良好。生长季节应保持土壤湿润。最适生长温度为15℃~25℃，冬季温度应保持5℃以上。性略耐阴，宜处于半阴环境，夏季防强光直射，在夏季高温时常为休眠状态，这时要少浇水。

植物功效

仙人指同其他仙人掌科植物一样，都具吸收二氧化碳并释放出氧气的功能，能提高环境中负氧离子的含量，提高空气清新度，还能减少电磁辐射的污染。

摆放位置

仙人指株型可爱，花朵颜色丰富，它能在夜间释放氧气，适合放置在卧室中，也可摆放在客厅、书房、阳台等处。

Tips 仙人指生根虽容易，但根细弱，不耐水湿，生长较差，故常嫁接其他根系强壮的仙人掌类植物上，可加快生长。常用砧木有仙人掌、叶仙人掌、仙人球、量天尺等。

蟹爪兰

学名： *Schlumbergera truncata*
别名： 圣诞仙人掌、蟹爪莲、锦上添花、螃蟹兰
科属： 仙人掌科蟹爪兰属
茎的性质： 附生性多肉植物
原产地： 原产于巴西，中国有引进，现世界各地均有栽培
花期： 10月~翌年2月
花色： 玫瑰红色

习性

喜欢温暖湿润的半阴环境，不耐寒，冬季最好搬到室内，最低温度不能低于10℃，而其生长期的最适宜温度是20℃~25℃。喜欢疏松、富含有机质、排水透气良好的基质。

植物功效

蟹爪兰在夜间叶片气孔打开，吸收二氧化碳，释放氧气，还能吸收苯等有害气体，起到净化居室环境的作用。

摆放位置

蟹爪兰节茎较长，株型垂挂，适合放置于窗台、门庭入口处用来装饰。也适合放置在卧室花架上垂吊下来，既美观又能使空气清新，有利于睡眠。

Tips

蟹爪兰因节径连接形状如螃蟹的副爪，故名蟹爪兰。在信奉基督教的西方国家因其适值"圣诞节"开花故又称之为"圣诞仙人掌"。蟹爪兰的花语为"红运当头、运转乾坤"。

弯凤玉

学名：*Astrophytum myriostigma*

别名：多柱头星球、僧帽

科属：仙人掌科星球属

茎的性质：多年生肉质草本

原产地：原产于墨西哥高原的中部

花期：春季至夏季

花色：橙黄色

习性

喜温暖、干燥和阳光充足的环境，有一定的耐寒性，耐干旱，稍耐半阴，也耐强光，怕水涝。生长期应给予充足的光照，若光照不足会使植株表面的白色星点减退，红叶弯凤玉的颜色变淡。生长适温为18℃～25℃，冬季温度不低于5℃。

植物功效

弯凤玉在夜间可以吸收大量的二氧化碳并释放出氧气，增加空气中负氧离子浓度，使空气保持清新自然，对人体健康十分有益。

摆放位置

弯凤玉株型奇特，是植物园和多肉植物爱好者喜爱的品种之一。家庭盆栽弯凤玉适合摆放在光线条件好的阳台、窗台、茶几、书桌上，卧室里放一盆弯凤玉更能促进睡眠。

Tips

弯凤玉通常采用扦插繁殖，除盛夏酷暑多湿期外，全年均可操作，很容易成活，以春秋季节最为适合。一般在盛花期后，结合整形修剪，选取当年生健壮枝条做插穗，去掉一节叶片，插入疏松肥沃的土壤中，保温保湿，即可生根。

紫鸭跖草

学名：*Setcreasea purpurea*

别名：碧竹子、翠蝴蝶、淡竹叶

科属：鸭跖草科鸭跖草属

茎的性质：多年生披散草本植物

原产地：分布于热带，少数产于亚热带和温带地区

花期：5~9月

花色：浅紫色

习性

适应性强，在全光照或半阴环境下都能生长。但不能过阴，否则叶色会减退为浅粉绿色，易徒长。喜温暖湿润气候，喜弱光，忌阳光暴晒，最适生长温度为20℃~30℃。对土壤要求不高，耐旱性强。

植物功效

紫鸭跖草可以监测放射性污染，当受到放射性物质侵害时，它的花会由蓝紫色变为白色。它的茎被有细绒毛，能够有效地吸附空气中的灰尘，保持室内的空气洁净清新。

摆放位置

紫鸭跖草茎叶茂密，叶色深紫，开淡紫色的花朵，别致美丽。常布置在客厅、书房、卧室等地，令人赏心悦目。

Tips

紫鸭跖草味甘、微苦、性寒，能清热、解毒、利尿，为消肿利尿、清热解毒之良药。此外，它对睑腺炎、咽炎、扁桃腺炎、宫颈糜烂、腹蛇咬伤有良好疗效。

吊竹草

学名：*Tradescantia zebrina*

别名：吊竹梅、吊竹兰、斑叶鸭跖草、甲由草、水竹草

科属：鸭跖草科吊竹梅属

茎的性质：多年生常绿草本植物

原产地：原产于热带美洲，现分布在我国福建、广西（龙州县）、香港、台湾（高雄市）等地

花期：7～8月

花色：紫红色

习性

吊竹草多匍匐在阴湿地上生长，怕阳光暴晒。能忍耐8℃的低温，不耐寒，怕炎热，14℃以上可正常生长。要求较高的空气湿度，在干燥的空气中叶片常干尖焦边。不耐旱而耐水湿，对土壤的酸碱度要求不高。

植物功效

吊竹草能够抵抗一定的氯气污染，对吸收甲醛也有很好的效果。此外，吊竹草还能监测家庭装修材料是否有放射性，若有放射性，其紫红色的花朵会很快变白。

摆放位置

吊竹草娇小玲珑，叶色美丽别致，又比较耐阴，适于美化卧室、书房、客厅等处，可放在花架、橱顶，或吊在窗前自然悬垂，观赏效果极佳。

Tips

吊竹草可作药用，有凉血止血、清热解毒、利尿的功能，可用于急性结膜炎、咽喉肿痛、白带异常、毒蛇咬伤等症的治疗。

紫露草

学名： *Tradescantia ohiensis*

别名： 紫鸭趾草、紫叶草

科属： 鸭跖草科紫露草属

茎的性质： 多年生草本

原产地： 原产于美洲热带地区，中国有引种栽培

花期： 6～10月

花色： 蓝紫色

习性

喜温湿半阴环境，耐寒，最宜温度为15℃～25℃，对土壤要求不高，在沙土、壤土中均可正常生长，忌土壤积水，在中性或偏碱性的土壤中生长良好。可露地越冬。

植物功效

紫露草能吸附粉尘，可提升室内空气清洁度。紫露草是现阶段所知的对辐射和诱变剂最为敏感的植物，对环境中的污染物具有很强的监测作用。

摆放位置

紫露草株型奇特秀美，花期长，可盆栽摆设在卧室、客厅、厨房等处，或做垂吊式栽培自然悬挂在花架、橱顶、窗前等处，观赏效果极佳。

Tips
紫露草因观赏期短，故宜制作成押花作品，在卡纸上贴上押花，做成迷你卡片。紫露草常在树下成片栽植，与鸢尾花长叶配植，观赏性极佳。

孔雀竹芋叶片上有墨绿与淡黄相间的羽状斑纹，就像孔雀尾巴羽毛上的图案。

学名：*Calathea makoyana*

别名：蓝花蕉、五色葛郁金

科属：竹芋科肖竹芋属

茎的性质：多年生常绿草本

原产地：原产于热带美洲及印度洋的岛屿中，中国有引种栽培

花期：夏季

花色：紫红色、粉白色

习性

性喜半阴，不耐阳光直射，适应在温暖湿润的环境中生长。栽培时宜给予一定程度的遮阴，并保持温度在12℃～29℃，冬季温度宜维持在16℃～18℃，春夏两季生长旺盛，需较高的空气湿度，可进行喷雾。对土壤要求不高，但要求保持适度湿润。

植物功效

孔雀竹芋可吸收空气中的甲醛和氨气。有研究显示，每平方米孔雀竹芋的叶面积24小时内便能吸收0.86毫克甲醛及2.91毫克氨气。

摆放位置

孔雀竹芋叶片纹路优美，常用于点缀居室的阳台、客厅、卧室等地。它也是高档的切叶材料，可作为插花衬材。

Tips

孔雀竹芋的叶片会"睡眠运动"，即在白天舒展，晚间折叠起来，非常奇特。其根茎中含有淀粉，可食用，具有清肺热、利尿等作用。

散尾葵

学名：*Chrysalidocarpus lutescens*
别名：黄椰子、紫葵
科属：棕榈科散尾葵属
茎的性质：常绿灌木或小乔木
原产地：原产于非洲马达加斯加岛，现中国南方各省均有种植
花期：5月
花色：金黄色

习性

喜温暖、潮湿、半阴且通风良好的环境。耐寒性不强，气温在20℃以下叶子会发黄，越冬最低温度需在10℃以上，5℃左右就会冻死。适宜疏松、排水良好、肥沃的土壤。

植物功效

散尾葵能够有效去除空气中的苯、三氯乙烯、甲醛等有挥发性的有害物质。它还具有蒸发水汽的功能，能够有效地改善室内空气湿度。

摆放位置

散尾葵在华南地区可以直接栽种在庭院内，多作观赏树栽种于草地、树荫、宅旁。而长江流域及其以北地区主要用于盆栽，是布置客厅、餐厅、书房、卧室或阳台的高档盆栽观叶植物。

Tips

散尾葵对吐血、咯血、便血、崩漏等有治疗效果。

袖珍椰子

学名：*Chamaedorea elegans*
别名：秀丽竹节椰、矮生椰子、矮
棕、客厅棕、袖珍椰子葵、袖珍棕
科属：棕榈科竹棕属
茎的性质：多年生常绿小灌木
原产地：原产于墨西哥北部、委内瑞
拉，中国南部以及中国台湾地区均有
栽培
花期：3～4月
花色：黄色

习性

性喜高湿环境，耐阴，怕阳光直射。在烈日下，其叶色会变淡或发黄，并会产生
焦叶及黑斑，忌干燥，适栽种于疏松肥沃、排水性好的土壤中。

植物功效

袖珍椰子能吸收空气中的苯、三氯
乙烯和甲醛，并有一定的杀菌功能，蒸
腾作用强，可以提高房间的空气湿度，
有益于人体健康。非常适合摆放在室
内，尤其是新装修好的居室中。

摆放位置

袖珍椰子植株小巧玲珑，株型优
美，姿态秀雅，叶色浓绿光亮，叶片平
展，十分适宜作室内中小型盆栽。可放
置在案头茶几上，也可悬吊于室内，装
饰空间，使室内增添热带风情。

Tips

袖珍椰子是最小型的椰子类植物，株型酷似热带椰子树，形态小巧别
致，置于室内呈现出一种别有的热带风情。因为袖珍椰子能改善室内空
气质量，因此被称为生物中的"高效空气净化器"。

观音棕竹

观音棕竹硕大的叶片能有效改善空气湿度。

学名：*Rhapis excelsa*

别名：筋头竹、棕榈竹、观音竹、琉球竹

科属：棕榈科棕竹属

茎的性质：常绿丛生灌木

原产地：日本，我国南部各地普遍栽培

花期：6~7月

花色：淡黄色

习性

喜温暖湿润及通风良好的半阴环境，不耐积水，极耐阴，畏烈日，可耐0℃左右的低温。夏季光照强时，应适当遮阴。适宜温度为10℃~30℃，最忌寒风霜雪，在一般居室可安全越冬。要求疏松肥沃的酸性土壤，不耐瘠薄和盐碱，对土壤的湿度要求较高。

植物功效

观音棕竹可消除空气中的重金属污染，能够吸收空气中80%以上的有害气体，起到净化空气的作用。同时观音棕竹对二氧化硫污染有一定的抵抗作用，能持续保持空气清新。

摆放位置

观音棕竹丛生挺拔，枝叶繁茂，叶形秀丽，富有热带风情，最适于摆放在客厅及书房一角，为目前家庭栽培最广泛的室内观叶植物之一。

Tips

将观音棕竹的叶子切碎，晒干后可做药用，具有收敛止血的功效。

第 4 章

32种能活氧杀菌的
植物

　　本章介绍的植物会在夜间将气孔打开，吸收二氧化碳，释放氧气。因此，将其摆放在室内能补充氧气，促进睡眠。

　　此外，这些植物挥发出来的杀菌素能够杀死空气中的某些细菌，使室内空气清洁卫生。

百合

多头百合齐盛开花香四溢，令人赏心悦目。

学名： *Lilium brownii*

别名： 强瞿、番韭、山丹、倒仙

科属： 百合科百合属

茎的性质： 多年生球根草本

原产地： 原产于中国，现主要分布在亚洲东部、欧洲、北美洲等北半球温带地区

花期： 5～6月

花色： 白色、粉红色、黄色等

习性

喜凉爽，较耐寒，高温地区生长不良。喜干燥，怕水涝。土壤湿度过高会引起鳞茎腐烂导致死亡。对土壤要求不高，但在土层深厚、肥沃疏松的沙壤土中，鳞茎色泽洁白、肉质较厚。黏重的土壤不宜栽培。

🌿 植物功效

百合外表高雅纯洁，其花开时释放一种淡而不俗的香味，能吸收废气和异味，使房间内充满百合的花香；通过光合作用吸收二氧化碳放出氧气，净化居室内的空气。

🌿 摆放位置

百合最适用于装饰客厅和阳台，可剪下两三朵百合花配以其他花材，插瓶或制作花篮，摆放于几案、门厅处，让居室充满诗意。但其花香过于强烈，不宜放在卧室，影响呼吸道和睡眠。

Tips

百合，素有"云裳仙子"之称。公元4世纪时，人们只将其作为食用和药用。南北朝时，梁宣帝发现百合花很值得观赏，赞美它具有超凡脱俗、矜持含蓄的气质。到了现代，百合象征夫妻恩爱、百年好合，是婚礼用花。

文竹叶片纤细秀丽，密生如羽毛状，翠云层层，故又称"云竹"。

学名：*Asparagus setaceus*

别名：云片松、刺天冬、云竹

科属：百合科天门冬属

茎的性质：多年生常绿草本

原产地：原产于南非，现分布于中国中部、西北、长江流域及南方各地

花期：9～10月

花色：白色

习性

性喜温暖湿润和半阴通风的环境，冬季不耐严寒，不耐干旱，不能浇太多水，根会腐烂，夏季忌阳光直射。以疏松肥沃、排水良好的富含腐殖质的沙壤土栽培为好。室温保持在12℃～18℃为宜。

植物功效

文竹可分泌出杀灭细菌的物质，起到净化室内环境的作用。夜间可吸收二氧化碳，能有效地保证人体睡眠质量。

摆放位置

文竹葱茏苍翠，叶片似碧云重叠，姿态文雅潇洒，独具风韵。盆栽布置在书房，净化空气的同时也增添了书香气息，令人平心静气。大中型盆栽可放在阳台、窗台等地。

Tips

文竹是"文雅之竹"的意思。文竹虽然不是竹，它的叶片轻柔，常年翠绿，枝干有节，外形似竹，但与挺拔的竹子相比，它的姿态更显文雅潇洒，所以称之为"文竹"。

人们大多只关注薄荷的叶子和它的清香，却很少注意到它小花簇放时的美丽。

学名：*Mentha canadensisi*

别名：野薄荷、夜息香

科属：唇形科薄荷属

茎的性质：多年生草本

原产地：广泛分布于北半球的温带地区，中国各地均有分布

花期：7~9月

花色：淡紫色

习性

对温度适应能力较强，其根茎宿存越冬，能耐零下15℃的低温。生长适温为25℃~30℃，性喜阳光。对土壤的要求不严格，除过沙、过黏、酸碱度过重以及低洼排水不良的土壤外，一般土壤均能种植，以沙壤土、冲积土为好。

植物功效

薄荷全株清凉芳香，其茎叶含有的薄荷醇能够防腐杀菌，帮助缓解鼻塞，有助于呼吸更加顺畅。其味道还能清新空气，除去室内异味，驱除蚊虫，非常环保健康。

摆放位置

薄荷品种多、株型美观且香气怡人，可直接露天栽培在庭院中，也可盆栽摆放在室内客厅、书房、阳台等处。提神理气，十分适合家庭种植。

Tips

传说冥王哈迪斯爱上了美丽的精灵曼茜（Menthe），引起了冥王妻子佩瑟芬妮的嫉妒。于是佩瑟芬妮将曼茜变成了一株任人踩踏的小草。可是坚强善良的曼茜变成小草后，身上却拥有了一股令人清凉迷人的芬芳，越是被摧折踩踏就越浓烈。后来，人们把这种草叫作薄荷（Mentha）。

百里香

学名：*Thymus mongolicus*

别名：地椒、地花椒、山椒、山胡椒、麝香草

科属：唇形科百里香属

茎的性质：多年生半灌木

原产地：原产于南欧，后被作为一种美食的香料而广泛种植

花期：7～8月

花色：紫色、紫红色、淡紫色、粉红色等

习性 喜温暖，喜光和干燥的环境，生长适温为20℃～25℃，较耐寒，夏季高温要进行降温处理。对土壤的要求不高，但在排水良好的石灰质土壤中生长良好。

植物功效

百里香作为一种香草植物，常用于芳香疗法，对于缓解压力、舒缓疲劳非常有效。将其放在室内可以吸收有害气体，净化空气，还可以提取精油，用来驱虫、杀菌。

摆放位置

百里香植株低矮小巧，它的茎、叶均有芳香。可放在家庭成员活动较多的地方，如书房、客厅、卧室等地，缓解人体疲劳。

Tips 古希腊有个传说，思春的少女只要在衣服上绣上百里香的图样，或身上佩带一株百里香，便意味着要寻找爱人，等待追求者的示爱。害羞的男人，只要喝杯百里香茶，就能鼓起勇气，追求所爱。

碰碰香

学名： *Plectranthus hadiensis*

别名： 一抹香、触留香、绒毛香茶菜

科属： 唇形科马刺花属

茎的性质： 灌木状多年生草本

原产地： 原产于非洲好望角，欧洲及西南亚地区

花期： 夏季

花色： 深红色、粉红色、白色、蓝色等

习性

喜阳光，全年可全日照培养，但也较耐阴。喜温暖，怕寒冷，冬季需要0℃以上的温度。喜疏松、排水良好的土壤，不耐水湿，过湿则易烂根致死。

植物功效

碰碰香释放的香气可以安神静心，还有驱赶蚊虫和杀菌的作用。碰碰香植株上的绒毛，有吸附空气中尘土的作用。因触碰后可散发出令人舒适的香气而享有"碰碰香"的美称。

摆放位置

碰碰香叶片释放出的香气可以缓解人体疲劳，其株型娇小可爱，常作为盆栽观赏。可放置在高处或悬吊在室内，也可点缀几案、书桌。

Tips 碰碰香打汁加蜂蜜生食可缓解喉咙痛，煮成茶饮可缓解肠胃胀气及感冒症状，捣烂后外敷可消炎消肿并可保养皮肤。

迷迭香

学名：*Rosmarinus officinalis*
别名：海洋之露、艾菊
科属：唇形科迷迭香属
茎的性质：多年生常绿小灌木
原产地：原产于欧洲及北非地中海沿岸，在欧洲南部主要作为经济作物栽培，中国曾在曹魏时期引种，现主要在中国南方大部分地区与山东地区栽种
花期：11月
花色：蓝紫色

习性　性喜温暖气候，冬季没有寒流的气温较适合它的生长，迷迭香叶片革质，较能耐旱，因此栽种的土壤宜富含沙质、排水良好，值得注意的是迷迭香生长缓慢，因此再生能力不强。

植物功效

迷迭香具有镇静安神和醒脑的作用，另外，它对缓解消化不良和胃痛也有一定的疗效。其散发出的浓郁香味，能消除空气中的细菌，并且能使空气清香，具有缓解疲劳的效用。

摆放位置

迷迭香枝蔓丛生，香味浓郁，可以缓解人体疲劳，杀菌消毒。盆栽可以摆放在客厅、书房，还可垂吊于窗前，也可以在庭院露地栽培。

Tips　迷迭香的香味浓郁，所以它也有"海上灯塔"之称。当外出的船迷失方向时，迷航的水手可以凭借着这浓浓的香气来寻找陆地的位置。迷迭香是爱情、忠贞和友谊的象征，它的花语是"回忆，拭去回忆的忧伤"。

非洲堇

学名：*Saintpaulia ionantha*
别名：圣保罗、非洲紫罗兰
科属：苦苣苔科非洲紫苣苔属
茎的性质：多年生常绿草本
原产地：原生种主产于东非大陆的海岸地区，主要分布在坦桑尼亚和肯尼亚
花期：四季开花
花色：蓝色、粉红色、白色、紫色、黄色、红色等

习性

喜温暖湿润和半阴环境。夏季怕强光和高温，生长适温为16℃～24℃，白天温度不宜超过30℃，高温对非洲堇生长不利。冬季夜间温度不低于10℃，否则容易受冻。相对湿度以40%～70%较为合适，盆土过于潮湿，容易烂根。

植物功效

非洲堇有出色的净化空气效果，它的叶子肥厚，全叶被有纤毛，吸附灰尘能力较强。另外，它也可以分解空气中的有毒物质，提高空气质量。

摆放位置

非洲堇小巧玲珑，花色斑斓，极富诗意，盆栽多放置于窗台和茶几上，可增添室内生机，放松人的心情，是优良的室内观赏植物。

Tips　非洲堇的花语为"亲切、繁茂、永远美丽、永恒之美、微小的爱、惹人怜爱"。

风信子

像一串串葡萄似的风信子花序。

学名：*Hyacinthus orientalis*

别名：洋水仙、西洋水仙、五色水仙、时样锦

科属：风信子科风信子属

茎的性质：多年草本球根类植物

原产地：原产于欧洲南部地中海沿岸及小亚细亚一带、荷兰，如今世界各地都有栽培

花期：3～4月

花色：蓝色、粉红色、白色、鹅黄色、紫色、黄色、绯红色、红色等

习性

性喜阳、耐寒，冬季喜温暖湿润，夏季喜凉爽稍干燥、阳光充足或半阴的环境。喜肥沃、排水良好的沙壤土。

植物功效

风信子香气十分浓烈，能消除室内异味，消灭空气中的细菌，还有良好的吸附甲醛和滤尘的作用，能快速地净化室内空气。其花香还可以使人神清气爽、消除疲劳，有益身心。

摆放位置

风信子花香能稳定情绪，消除疲劳，适合摆放在客厅、阳台等空气流通的地方。但其味道比较浓烈，不宜将它放在卧室，可能会引起失眠，不利于健康。

Tips

风信子花语是胜利、喜悦、爱意、幸福、永远的怀念。在英国，蓝色风信子一直是婚礼中新娘的捧花或饰花，代表新人的纯洁，希望带来幸福。风信子能散发浓郁的花香，据研究发现风信子是会开花的植物中最香的品种。

米仔兰

学名：*Aglaia odorata*

别名：米兰、树兰

科属：楝科米仔兰属

茎的性质：常绿灌木或小乔木

原产地：亚洲南部

花期：5～12月

花色：黄色

习性 性喜温暖，向阳，好肥。生长适温为20℃～25℃。在阳光充足、温度较高的条件下，开出来的花有浓香。喜富含腐殖质、肥沃、微酸性的土壤。

植物功效

米仔兰花清香淡雅，摆在室内可以杀灭空气中的多种细菌，还可以吸收二氧化碳，释放氧气，起到净化室内空气的作用。

摆放位置

米仔兰开花时芳香四溢，赏花的同时还可观叶。盆栽多布置于阳台和窗台，也可将其放在光线充足的庭院内。但其花香太浓，不宜放在卧室或室内密闭处。

Tips 米仔兰花朵小、不起眼，却毫无保留地将芳香奉献给人们，故常用它比喻教师，因为它像教师那样默默地奉献。米仔兰寓意"崇高品质"，体现了人们对教师的尊敬。

富贵竹

学名：*Dracaena sanderiana*

别名：万寿竹、距花万寿竹、开运竹、富贵塔

科属：天门冬科龙血树属

茎的性质：多年生常绿小乔木

原产地：加利群岛及非洲和亚洲热带地区

花期：较难开花

花色：紫色

习性

性喜阴湿高温，耐涝，耐肥力强，抗寒力强，适宜生长于排水良好的沙质土或半泥沙及冲积层黏土中。喜温暖的环境，适宜温度为18℃~24℃。

植物功效

富贵竹具有很强的吸附能力，能杀菌消毒和释放氧气，植株还能有效地吸收人体排出的废气，可以改善室内空气质量。

摆放位置

富贵竹茎叶秀美典雅，富有竹韵。养护简单，适合家养。茎秆柔软，可做成弯竹、竹笼等形态，寓意美好，观赏价值高。放在客厅和入门处，给人以吉祥美好之意。

Tips
富贵竹具有细长潇洒的叶子，翠绿的叶色，其茎节表现出貌似竹节的特征，却不是真正的竹。中国有"花开富贵，竹报平安"的祝词，由于富贵竹茎叶纤秀，柔美优雅，极富竹韵，故而很受人们喜爱。

天竺葵

学名: *Pelargonium hortorum*

别名: 洋绣球、石腊红、入腊红、日烂红、洋葵

科属: 牻牛儿苗科天竺葵属

茎的性质: 多年生草本

原产地: 原产于非洲南部,现世界各地普遍栽培

花期: 5~7月

花色: 红色、橙红色、粉红色等

习性

性喜冬暖夏凉,冬季室内应保持10℃~15℃,最适温度为15℃~20℃。天竺葵喜燥恶湿,冬季浇水不宜过多,要见干见湿。生长期需要充足的阳光,因此冬季必须把它放在向阳处。

植物功效

天竺葵气味芳香,有安神舒缓的功效。放在室内,其散发的香气可以驱除蚊虫。天竺葵精油还能够有效地杀死口腔和喉咙内的细菌,有利于人体健康。

摆放位置

天竺葵适应性强,花色鲜艳,花期长,适合于庭院栽植,也可摆放室内,可群株栽植置于阳台、窗台等地,也可放在客厅观赏。

Tips

天竺葵精油适合各种皮肤状况,因为它能平衡皮脂分泌而使皮肤饱满。由于天竺葵能促进血液循环,所以使用后会让苍白的皮肤变得红润有活力。

含笑

学名：*Michelia figo*

别名：含笑梅、山节子、白兰花、唐黄心树、香蕉花

科属：木兰科含笑属

茎的性质：常绿灌木

原产地：原产于中国华南南部各省区，广东鼎湖山有野生，现广植于中国各地

花期：3~5月

花色：淡黄色而边缘有红色或紫色

习性

含笑喜肥，性喜半阴，在弱阴下最利生长，忌强烈阳光直射，夏季要注意遮阴。不甚耐寒，秋末霜前需移入温室，在10℃左右温度下越冬。不耐干燥瘠薄，但也怕积水，要求排水良好、肥沃的微酸性壤土，中性土壤也能适应。

植物功效

含笑花释放出的挥发性芳香油对常见细菌和真菌，如枯草芽孢杆菌和大肠杆菌等有很好的抑制作用。另外，它还能振奋精神，激发活力，消除疲劳。

摆放位置

含笑花苞润如玉，香幽若兰，以盆栽为主，少有在庭院种植，摆放在居室，花香怡人、活氧杀菌，最适用来装点客厅、书房和卧室。

Tips

因为含笑的花具有开而不放、似笑而不语的特性，所以很大程度上符合中国人含蓄内敛的气质。所以，它的花语为"含蓄和矜持"。

玉兰

学名： *Yulania denudata*

别名： 白玉兰、木兰、望春、应春花、玉堂春、辛夷花

科属： 木兰科木兰属

茎的性质： 常绿落叶乔木

原产地： 原产于中国中部各省，现北京及黄河流域以南均有栽培

花期： 2～3月

花色： 白色、淡紫红色

习性

性喜光，较耐寒，可露地越冬。爱干燥，忌低湿，栽植地渍水易烂根。喜肥沃、排水良好而带微酸性的沙壤土，在弱碱性的土壤上亦可生长。

植物功效

玉兰花含有挥发油，其成分主要为柠檬醛、丁香油酸等，对真菌有抑制作用。玉兰花对有害气体的抗性较强。如将此花栽在有二氧化硫和氯气污染的工厂中，具有一定的抗性和吸硫的能力。

摆放位置

玉兰花外形极像莲花，盛开时，花瓣展向四方，清丽典雅，亭亭玉立，具有很高的观赏价值。盆栽玉兰还可美化居室，适宜摆放在阳台、窗台上。

Tips 玉兰花含有丰富的维生素、氨基酸和多种微量元素，有祛风散寒、通气理肺之效。还可将其加工制作成小吃，亦可泡茶饮用。

紫丁香

学名：*Syringa oblata*

别名：丁香、华北紫丁香、百结、情客、龙梢子

科属：木樨科丁香属

茎的性质：落叶灌木或小乔木

原产地：原产于中国华北地区，在中国已有1000多年的栽培历史，是中国的名贵花卉

花期：5～6月

花色：淡紫色、紫红色或蓝色

习性

性喜光，稍耐阴，阴处或半阴处生长衰弱，开花稀少。喜温暖、湿润环境，有一定的耐寒性和较强的耐旱力。对土壤的要求不高，耐瘠薄，喜肥沃、排水良好的土壤，忌在低洼地种植，积水会引起病害，直至全株死亡。

植物功效

紫丁香能抑制细菌及微生物滋长，稀释后对于人体黏膜组织无刺激性，故可用于牙科口腔治疗，对于改善牙痛有显著的效果。亦用于疮、痈、疔、疖等的皮肤创伤，对伤口有消肿抗炎、促进愈合的作用。

摆放位置

紫丁香适合栽种在庭院里观赏，也可以盆栽装饰客厅，需选用大型花盆种植。需注意紫丁香花晚上会散发出对嗅觉有强烈刺激的极细小颗粒，会对患有高血压及心脏病的病人造成影响，因此不适合放在卧室里。

Tips

紫丁香有"天国之花"的美称，也许是因为它高贵的香味，所以自古就倍受人们珍视。紫丁香的叶可以入药，有清热燥湿的作用，民间多用于止泻。用紫丁香鲜叶制成的溶液，对弗氏痢疾杆菌进行体外抑菌试验，效果较好。所以用于防治菌痢，既经济，又便于推广。

桂花盛开，香气可绵延数里。

学名：*Osmanthus fragrans*

别名：金桂、银桂、丹桂、月桂

科属：木樨科木樨属

茎的性质：常绿灌木或小乔木

原产地：原产于中国喜马拉雅山东段，印度、尼泊尔、柬埔寨也有分布

花期：9～10月或四季可开

花色：淡黄色

习性

性喜温暖湿润。能耐最低气温为零下13℃，最适生长气温为15℃～28℃。湿度对桂花生长发育极为重要，要求年平均湿度需达到75%～85%，年降水量为1000毫米左右。强日照或荫蔽对其生长不利，一般要求每天光照6～8小时。既耐高温，也较耐寒。以土层深厚、疏松肥沃、排水良好的微酸性沙壤土最为适宜。

植物功效

桂花对氯气、二氧化硫、氟化氢有一定的抗性，还有较强的吸滞粉尘的能力，常被用于城市及工矿区绿化。它所释放出来的挥发性油类，能显著抑制肺炎球菌和葡萄球菌的生长与繁殖。

摆放位置

桂花花朵茂密、香味甜郁，可以直接栽培在庭院中观赏，也可以摆放在阳台、天台等光照条件好的地方，还能制作成盆景为居室增添清雅之气。

Tips

桂花自古在园林配置上就有"两桂当庭""双桂留芳"的方式，以取玉、堂、富、贵之谐音，喻吉祥之意。桂花香气扑鼻，可用于食用或提取香料。桂树的木材材质致密，纹理美观，不易炸裂，刨面光洁，是良好的雕刻用材。

茉莉

茉莉花色洁白，香气浓厚，给人以清纯之感。

学名：*Jasminum sambac*

别名：香魂、木梨花

科属：木樨科素馨属

茎的性质：多年生直立或攀缘灌木

原产地：原产于印度，现世界各地广泛栽培，我国以南方地区为主

花期：5～8月

花色：白色

习性

性喜温暖湿润，在通风良好、半阴的环境中生长最好。土壤以含有大量腐殖质的微酸性沙壤土最为适合。大多数品种畏寒、畏旱，不耐霜冻、湿涝和碱土。冬季气温低于3℃时，枝叶易遭受冻害，如持续时间长就会死亡。

植物功效

茉莉产生的挥发性油类味可以净化空气，具有显著的杀菌、抑菌作用。它可以抑制结核杆菌、肺炎球菌、葡萄球菌的生长繁殖，可大大降低居室中的含菌量。

摆放位置

茉莉可以直接栽种在庭院观赏，也可以盆栽装饰阳台、书房，还可加工成花环等装饰品，给居室增添雅趣。

Tips 茉莉花朵素洁，香味浓郁。许多国家将其视为爱情之花，青年男女互送茉莉花以表达坚贞的爱情。它也可作为友谊之花，把茉莉花环套在客人颈上使之垂到胸前，表示尊敬与友好，是一种热情好客的礼节。

素馨

学名：*jasminum grandiflorum*

别名：大花茉莉

科属：木樨科素馨属

茎的性质：常绿灌木

原产地：原产于中国云南、四川、西藏及喜马拉雅地区，现世界各地广泛栽培

花期：8~10月

花色：白色

习性

喜温暖湿润的自然条件，土壤以富含腐殖质的沙壤土为好。

植物功效

素馨有一种强烈的香气，能杀灭空气中的多种病原菌，还能消除空气中的异味，使室内的空气清新。

摆放位置

素馨花色淡雅，芳香美丽，是很好的园艺栽培品种。摆放在茶几、花架上可用来装饰客厅、阳台。

Tips

素馨是巴基斯坦的国花，在巴基斯坦随处可见，不仅长在野外，还常常被巴基斯坦居民种植在自己家的花园里。

紫薇

学名：*Lagerstroemia indica*

别名：百日红、满堂红、痒痒树

科属：千屈菜科紫薇属

茎的性质：落叶灌木或小乔木

原产地：原产于亚洲，现广植于热带地区

花期：6~9月

花色：玫红色、大红色、深粉红、淡红色、紫色、白色

习性

紫薇性喜暖湿气候，喜光，略耐阴，喜肥，尤喜深厚肥沃的沙壤土，但在钙质土或酸性土中亦可生长良好。好生于略有湿气之地，亦耐干旱，忌涝，忌种在地下水位高的低湿地方。

植物功效

紫薇可以吸收二氧化硫、氯气和氟化氢等有害气体，同时具有降尘的作用。花朵挥发出的油类还可以抑制病菌的繁殖，并可将病菌杀死。

摆放位置

紫薇花色鲜艳美丽，花期长，多用于庭院美化，也是做盆景的好材料，摆放在阳台等地，不仅姿态优美，还能活氧杀菌，对人身心健康十分有益。

Tips

相传在远古时代，有一种凶恶的野兽名叫年，它伤害人畜无数，于是紫薇星下凡，将它锁进深山，一年只准它出山一次。为了监管年，紫薇星便化作紫薇留在人间，给人间带来平安和美丽。传说如果家的周围开满了紫薇花，紫薇仙子将会给这个家带来一生一世的幸福。

大花紫薇

学名：*Lagerstroemia speciosa*

别名：大叶紫薇、百日红、巴拿巴、五里香、红薇花、佛泪花

科属：千屈菜科紫薇属

茎的性质：落叶大乔木

原产地：中国广东、广西及福建地区有栽培，现主要分布于斯里兰卡、印度、马来西亚、越南及菲律宾

花期：5~7月

花色：淡红色、紫色

习性 喜温暖湿润、通风良好的环境，喜欢阳光而稍耐阴，要求排水良好、肥沃的石灰质土壤。

植物功效

大花紫薇是大乔木观赏花树，常作为行道树美化道路，它能吸收二氧化硫等空气污染物，还能吸附粉尘，保持空气清新。

摆放位置

大花紫薇花色艳丽，花期长久。不仅用于公园、街道的绿化，还能美化庭院，净化空气，改善庭院的局部小气候。另外，大花紫薇木材坚硬，耐腐力强，色红而亮，有很高的使用价值。

Tips 大花紫薇的树皮及叶可作泻药，种子具有麻醉性，根含单宁，可作收敛剂。大花紫薇还有降血糖、抗氧化和抗真菌的活性,而其最主要的活性为降血糖。

香菇草

学名：*Hydrocotyle vulgaris*

别名：南美天胡荽、金钱莲、水金钱、铜钱草

科属：伞形科天胡荽属

茎的性质：多年生挺水植物

原产地：欧洲、北美洲南部及中美洲地区，我国有引种栽培

花期：6~8月

花色：白色

习性

适应性强，喜光照充足的环境，如环境荫蔽，则植株生长不良。性喜温暖，怕寒冷，在10℃~25℃的温度范围内生长良好，越冬温度不宜低于5℃。耐湿、稍耐旱，栽培以半日照为佳。

植物功效

香菇草蒸腾作用较强，可以增加室内空气湿度，调节室内小气候。植株还可散发清香气味，起到杀菌消毒的作用。它还能吸附空气中的灰尘，有净化空气和保持空气清新的作用。

摆放位置

香菇草又名铜钱草，湿生植物，叶片圆润可爱，叶面油亮翠绿。干净，非常好栽种。可水培放在客厅、卫生间和书房等地。

Tips

香菇草有着超强的适应能力和繁殖能力，容易排挤其他植物，降低群落物种多样性。在院落或草坪附近种植香菇草时，要设置边界硬质隔离。盆栽香菇草放弃种植时，不要随意丢弃，避免其疯长扩散。

蔷薇

蔷薇花鲜艳美丽，花期长，是做花篱的极佳植物。

学名：*Rosa multiflora*

别名：多花蔷薇、蔓性蔷薇、墙蘼、刺蘼、蔷蘼、刺莓苔、野蔷薇

科属：蔷薇科蔷薇属

茎的性质：落叶灌木

原产地：主要分布在北半球温带、亚热带及热带山区等地

花期：4~9月

花色：红色、粉色、黄色、白色、紫色、蓝色等

习性

喜欢阳光，亦耐半阴，较耐寒，在中国北方大部分地区都能露地越冬。对土壤要求不高，耐干旱，耐瘠薄，但栽植在土层深厚、疏松肥沃、湿润而又排水通畅的土壤中则生长更好，也可在黏重土壤中生长。

植物功效

蔷薇所散发出来的香味和释放出来的挥发性油类，不仅可以令人放松愉悦、有助于睡眠，还能显著抑制肺炎球菌、结核杆菌和葡萄球菌的生长与繁殖，有明显的杀菌作用。

摆放位置

蔷薇喜欢光照条件好的环境，其花朵色彩丰富艳丽，花香浓郁，适宜栽种在庭院中，也可以盆栽摆放在客厅、阳台等向阳的地方，给人以明艳多姿之感。

Tips

蔷薇有2000多年的栽培历史，据记载，中国在汉代就已开始种植，至南北朝时已经大面积种植。据载罗马人也很早就开始栽培蔷薇，在他们的绘画、装饰、雕塑中就有不少以蔷薇为题材的作品，他们还以蔷薇为原料来提取香料。

玫瑰

在古汉语中，"玫瑰"一词原意是指红色美玉。

学名：*Rosa rugosa*
别名：刺玫花、湖花
科属：蔷薇科蔷薇属
茎的性质：落叶灌木
原产地：原产于日本、朝鲜，以及中国华北地区，现中国各地均有栽培
花期：5～6月
花色：紫红色、红色、紫色、白色

习性

喜阳光充足，耐寒、耐旱，喜排水良好、疏松肥沃的壤土或轻壤土，在黏壤土中生长不良，开花不佳。宜栽植在通风良好、离墙壁较远的地方，以防日光反射，灼伤花苞，影响开花。

植物功效

玫瑰所散发出来的香味和释放出来的挥发性油类，能显著抑制肺炎球菌、结核杆菌和葡萄球菌的生长与繁殖，还能令人神经放松、缓解精神紧张和消除身心的疲劳感。

摆放位置

玫瑰花色艳丽，株型端庄，象征着爱情与好运，最适摆放在客厅、书房，也可以剪下瓶插装饰居室，使居室显得活泼而富有生机。

Tips

在中国，玫瑰因其枝茎带刺，被认为是刺客、侠客的象征。而在西方则把玫瑰花当作严守秘密的象征，做客时看到主人家桌子上方画有玫瑰，就明白在这桌上所谈的一切均不可外传。

紫罗兰

成片栽植的紫罗兰如同花的海洋。

学名：*Matthiola incana*

别名：草桂花、四桃克、草紫罗兰

科属：十字花科紫罗兰属

茎的性质：二年生或多年生草本

原产地：原产于欧洲南部，我国大城市常有引种

花期：4～5月

花色：紫红色、淡红色或白色

习性

喜冷凉、通风良好的环境，忌燥热。耐寒不耐阴，怕渍水。生长适温白天为15℃～18℃，夜间为10℃左右，对土壤要求不高，但在排水良好、中性偏碱的土壤中生长较好，忌酸性土壤。

植物功效

紫罗兰花朵所释放出来的挥发性油类具有显著的杀菌作用，有利于人体的呼吸道健康，对支气管炎也有调理之效，还可以润喉，以及解决因蛀牙引起的口腔异味。

摆放位置

紫罗兰花朵茂盛，花色鲜艳，香气浓郁，花期长，为众多爱花者所喜爱，适宜于盆栽观赏，是装饰客厅、阳台的佳品，还可制作成花束插瓶美化家居。

Tips　紫罗兰具有清热解毒、美白祛斑、滋润皮肤、除皱消斑、增强皮肤光泽、防紫外线照射以及清除口腔异味的功效。

万年青

学名：*Rohdea japonica*
别名：红果万年青、开喉剑、九节莲、冬不凋、铁扁担
科属：百合科万年青属
茎的性质：多年生常绿草本
原产地：原产于中国和日本，在中国华东、华中及西南地区均有分布
花期：5~6月
花色：淡黄色

习性

喜欢高温、高湿、半阴或荫蔽且通风良好的环境，半耐寒，不耐旱，忌积水，怕强烈的阳光直射，要求疏松肥沃、排水良好的沙壤土。

植物功效

万年青有独特的空气净化能力。它可以吸收空气中的尼古丁、甲醛等有害物质。此外万年青还释放氧气，起到净化室内空气的作用，对免疫力比较弱的老年人来说非常有好处。

摆放位置

万年青叶片宽大苍绿，浆果殷红圆润，是一种观叶、观果均可的花卉，常置于书房、厅堂的条案上。万年青小盆栽，可置于案头、窗台观赏，令室内充满自然生机。

Tips

万年青全株有清热解毒、散瘀止痛之效。

花叶万年青

学名： *Dieffenbachia picta*

别名： 黛粉叶

科属： 天南星科花叶万年青属

茎的性质： 常绿灌木状草本

原产地： 原产于南美洲地区，现中国广东、福建等各热带城市普遍栽培

花期： 一般不易开花

花色： 浅黄色

习性

喜温暖、湿润和半阴环境。不耐寒、怕干旱，忌强光暴晒。花叶万年青在黑暗状态下可忍受14天，在15℃左右的温度和90%的相对空气湿度下贮运。

植物功效

花叶万年青的叶片有天然的"杀菌剂"之称，能够有效地杀死空气中的致病菌，达到净化空气的效果。

摆放位置

花叶万年青叶片宽大，色彩明亮，优美高雅，观赏价值高，是较受欢迎的室内观叶植物。常用于点缀客厅、书房，十分幽雅。

Tips

花叶万年青的汁液有毒，扦插操作时不要使汁液接触皮肤，更要注意不沾入口内，否则会使人皮肤发痒疼痛或出现其他中毒现象，操作完后要用肥皂洗手。

鸟巢蕨

学名：*Asplenium nidus*

别名：巢蕨、山苏花、王冠蕨

科属：铁角蕨科巢蕨属

茎的性质：多年生阴生草本

原产地：原产于亚洲东南部、澳大利亚东部、印度尼西亚、印度和非洲东部等，在中国热带地区也广泛分布

花期：无花，有孢子囊

花色：孢子囊群浅棕色或灰棕色

习性 常附生于雨林或季雨林内树干上或林下岩石上，喜高温湿润，不耐强光。

植物功效

鸟巢蕨是有效的"空气清新器"，宽大繁茂的绿色叶片，通过光合作用，能够吸收二氧化碳，释放出大量氧气，还能吸收空气中的甲醛，使室内空气变得清新。

摆放位置

鸟巢蕨是一种附生的蕨类植物，可悬吊于室内打造热带风光。盆栽的小型植株用于布置明亮的客厅、书房及卧室也颇具情调。

Tips 鸟巢蕨花语是"吉祥、富贵、清香长绿"。鸟巢蕨含有丰富的维生素A、钾、铁质、钙、膳食纤维等营养物质。鸟巢蕨味苦、性温，入肾、肝二经，有强壮筋骨、活血祛瘀的作用。

番红花

学名：*Crocus sativus*

别名：藏红花、西红花

科属：鸢尾科番红花属

茎的性质：多年生草本

原产地：原产于欧洲南部，中国各地常见栽培

花期：10～11月

花色：淡蓝色、红紫色或白色

习性

喜冷凉湿润和半阴环境，较耐寒，宜生长于疏松肥沃、排水良好、腐殖质丰富的沙壤土中。土壤pH值5.5～6.5为佳。球茎夏季休眠，秋季发根、萌叶。

植物功效

番红花香气浓郁，其香气不仅能杀菌、除异味，还有抗氧化、放松身心和缓解疲劳的作用，对人体身心健康十分有益。

摆放位置

番红花叶丛纤细，花朵娇柔优雅，花色缤纷，具有芳香气味，是庭院点缀或盆栽作为案头摆设的名贵花卉。可陆地栽培在庭院中，也可摆放在阳台等处。

Tips

传说牧草的精灵向花神弗洛拉祈愿说："请在这个深秋寂寥的牧场上，为小羊们开些花吧！"弗洛拉听到后，实现了他的愿望，而牧场上所绽放出来的花就是番红花。番红花的花语是"快乐"。

佛手

佛手金黄色的果实，像极了多指的手。

学名：*Citrus medica var. sarcodactylis*

别名：佛手柑、五指橘、飞穰、蜜萝柑、五指香橼、五指柑

科属：芸香科柑橘属

茎的性质：常绿灌木或小乔木

原产地：中国长江以南各地均有栽种

花期：4~5月

花色：白色微带紫晕

习性

喜温暖湿润、阳光充足的环境，不耐严寒、怕冰霜及干旱，耐阴，耐瘠，耐涝。以雨量充足、冬季无冰冻的地区栽培为宜。最适生长的温度为22℃~24℃，越冬温度5℃以上。适合在土层深厚、疏松肥沃、富含腐殖质、排水良好的酸性壤土、沙壤土或黏壤土中生长。

植物功效

成熟的佛手颜色金黄，果皮和叶含有芳香油，有强烈的鲜果清香，能消除异味，抑制细菌，净化室内空气。

摆放位置

佛手花色洁白，果形奇特，挂果时间长且芳香怡人，深受人们喜爱。佛手喜光，可在庭院中露地栽培，也可盆栽摆放在室内，装饰阳台和客厅显得大方别致。

Tips

佛手的根、茎、叶、花、果均可入药，有理气化痰、止呕消胀、舒肝健脾等多种功效。其对老年人的气管炎、哮喘病有明显的缓解作用，对一般人的消化不良、胸腹胀闷有更为显著的疗效。

柠檬

学名：*Citrus limon*

别名：柠果、洋柠檬、益母果、益母子

科属：芸香科柑橘属

茎的性质：常绿小乔木

原产地：原产于东南亚，现主要产地为美国、意大利、西班牙和希腊

花期：4～5月

花色：外面淡紫红色，内面白色

习性

性喜温暖，耐阴，不耐寒，也怕热，因此，适宜在冬暖夏凉的亚热带地区栽培。柠檬适宜的年平均气温为17℃～19℃。柠檬适宜栽植于温暖而土层深厚、排水良好的缓坡地。

🌿 植物功效

柠檬的花、叶可以散发独特的香味，能杀死空气中的细菌。果皮中含有一种叫作黄酮类的化合物，可消灭空气中的多种病原菌，使室内空气更加清新。

🌿 摆放位置

柠檬叶片青翠，果实圆润橙黄，是观果极佳的盆栽植物。可放在客厅或阳台养护观赏，结果时，树上挂满果实，圆润可爱，散发的清香，还可清新空气。

Tips

柠檬全身都是宝。柠檬叶可用于提取香料，柠檬鲜果表皮可以提取柠檬香精油，果胚还可提取果胶、橙皮苷。果胶不仅是生产高级糖果、蜜饯、果酱的重要原料，也是生产治疗胃病的药物的主要成分。

金橘

学名：*Fortunella margarita*

别名：金桔

科属：芸香科金橘属

茎的性质：常绿灌木

原产地：原产于我国南部，现以中国台湾、福建、广东、广西地区栽种较多

花期：3～5月

花色：白色

习性

性喜温暖湿润，怕涝，喜光，但怕强光，稍耐寒，不耐旱，中国南北各地均有栽种。要求富含腐殖质、疏松肥沃和排水良好的中性培养土，如果土壤偏酸则不利于其生长。

植物功效

金橘可以释放具有杀菌作用的挥发油，使室内空气中的细菌大为减少，有明显的清新空气的作用。金橘具有理气、消食的功效，且富含维生素，是集观赏与实用价值于一身的观果植物。

摆放位置

金橘是广州春节前夕的迎春花市上常见的盆栽果品，可摆放在光线明亮的客厅、阳台等地，清香怡人、寓意吉祥，且能净化室内空气，也可直接栽培在庭院中观赏。

Tips

吃金橘前后一小时不可喝牛奶，因牛奶中的蛋白质遇到金橘中的果酸会凝固，不易消化吸收，会引起腹胀难受；空腹时亦不宜多吃金橘，因其所含的有机酸会刺激胃壁黏膜，使胃部产生不适感；喉痛发痒、咳嗽时，喝金橘茶时不宜加糖，糖放多了反易生痰。

九里香

学名： *Murraya exotica*

别名： 石辣椒、九秋香、九树香、千里香、万里香、过山香等

科属： 芸香科九里香属

茎的性质： 常绿灌木或小乔木

原产地： 亚洲一些热带及亚热带地区

花期： 4~8月

花色： 白色

习性

喜温暖，最适宜生长的温度为20℃~32℃，不耐寒。是阳性树种，宜置于阳光充足、空气流通的地方才能叶茂花繁而香。对土壤要求不高，宜选用含腐殖质丰富、疏松肥沃的沙壤土。

植物功效

九里香的花、叶、果均含精油，花洁白芳香，散发的气味可以去除室内异味，杀死空气中的细菌，使空气清新怡人。

摆放位置

九里香树姿秀雅，枝干苍劲，四季常青，花朵洁白而芳香，是优良的盆景材料。室内种植可摆放在光照条件好的阳台和窗台，也可丛植在庭院中。

Tips

九里香的花、叶、果均含精油，出油率为0.25%，精油可用于化妆品香精、食品香精，叶可作调味香料。枝叶入药，有行气止痛、活血散瘀之功效，可治胃痛、风湿痹痛，外用则可治牙痛、跌打肿痛、虫蛇咬伤等。此外，九里香还可用于制药，如强壮剂、健胃剂等。

菜豆树

学名：*Radermachera sinica*

别名：蛇树、豆角树、接骨凉伞、牛尾树、幸福树

科属：紫葳科菜豆树属

茎的性质：多年生常绿小乔木

原产地：原产于中国台湾、广东、海南、广西、贵州、云南等地，现印度、菲律宾、不丹等国也有分布

花期：5～9月

花色：白色至淡黄色

习性

性喜高温多湿、阳光充足的环境，耐高温、畏寒冷、宜湿润、忌干燥。生于山谷或平地疏林中。栽培宜用疏松肥沃、排水良好、富含有机质的壤土和沙壤土。

植物功效

菜豆树树叶可以散发香味，起到驱除蚊虫和异味，以及净化烟草燃烧产生的废气的作用，有很好的净化空气的功能。晚上可释放氧气，增加空气中的负氧离子含量，还可提高空气湿度。

摆放位置

菜豆树可露地栽植在庭院中，株型小的可以栽在大花盆中，摆放在阳台、门厅和客厅等处，有很好的净化空气、驱虫杀菌的作用。

Tips

菜豆树根、叶、果入药，可凉血消肿，治高热、跌打损伤、毒蛇咬伤。其木材为黄褐色，质略粗重，年轮明显，可供建筑用材。菜豆树的枝、叶及根也可治牛炭疽病。

第 5 章

28种能吸附粉尘的植物

　　吸附粉尘的植物大都枝叶被有细小的绒毛，甚至其花朵和果实也被有绒毛，能快速地吸附空气中的微小颗粒，一场雨水就能将附在植株表面的灰尘冲刷干净。

　　本章介绍的这些植物均有吸附粉尘的功效，它们是大自然的"吸尘器"。

圆柏

圆柏树干可高达 20 米，姿态雄健挺拔。

学名：*Juniperus chinensis*

别名：刺柏、柏树、桧、桧柏

科属：柏科圆柏属

茎的性质：常绿乔木或灌木

原产地：产于中国内蒙古乌拉山、河北、山西，朝鲜、日本也有分布

花期：裸子植物无花，其孢子叶球4月下旬开

花色：孢子叶球浅绿色

习性

喜光树种，较耐阴。喜凉爽温暖气候，忌积水，耐修剪，易整形。耐寒、耐热，对土壤要求不高，能生长于酸性、中性及石灰质土壤中，对土壤的干旱及潮湿均有一定的抗性。但以在中性、深厚而排水良好的土壤中生长最佳。

植物功效

圆柏叶片有刺形叶和鳞形叶，吸附灰尘的能力较强，还能降噪声。对多种有害气体均有一定的抗性，是针叶树中对氯气和氟化氢抗性较强的树种。

摆放位置

圆柏常作为庭院观赏树种，可孤植在庭院中，也常做绿篱。圆柏盆景，树干扭曲，势若游龙，枝叶成簇，叶如翠盖，气势雄奇，姿态古雅如画，摆放在门厅、客厅等处，最耐观赏。

Tips 圆柏木质致密、坚硬，桃红色，美观而有芳香，耐腐力强，故常作为家具、房屋建筑材料、文具及工艺品等制作材料；树根、树干及枝叶可用于提取柏木脑的原料及柏木油；种子可榨油或入药。

红花羊蹄甲

红花绿叶，交相辉映，最为美丽。

学名：*Bauhinia blakeana*

别名：红花紫荆、洋紫荆、玲甲花

科属：豆科羊蹄甲属

茎的性质：常绿乔木

原产地：原产于亚洲南部，现世界各地广泛栽植

花期：11月～翌年4月

花色：红色、红紫色

习性

性喜温暖湿润、多雨的气候和阳光充足的环境，喜土层深厚、肥沃、排水良好的偏酸性沙壤土。它适应性强，有一定耐寒能力，在中国北回归线以南的广大地区均可以越冬。

植物功效

红花羊蹄甲终年常绿繁茂，对烟雾和粉尘有很强的吸附和抵抗能力。

摆放位置

红花羊蹄甲花是美丽的观赏树木，花盛开时繁英满树，花大如掌，略带芳香，常栽种在道路两边和庭院里。

Tips

红花羊蹄甲是中国华南地区许多城市的行道树，因树型优美，花期长，深受当地人们的喜爱。红花羊蹄甲在我国香港地区又被称为"洋紫荆"。

紫荆

学名：*Cercis chinensis*

别名：裸枝树、紫珠

科属：豆科紫荆属

茎的性质：落叶乔木或灌木

原产地：原产于我国东南部，是一种常见的栽培植物

花期：3～4月

花色：紫红色或粉红色

习性

性喜阳光，稍耐阴，畏水湿，有一定的耐寒性。喜肥沃、排水良好的土壤。萌芽力强，耐修剪。

植物功效

紫荆是抗污染植物，对氯气有一定的抗性，可以把空气中的有害成分进行分解，并且能够吸附空气中的大量灰尘，滞尘能力强，适于工矿厂区绿化。

摆放位置

紫荆树姿优美，生长得枝繁叶茂，开花时满目缤纷，适合栽种在庭院中观赏，是家庭和美、骨肉情深的象征。

Tips

紫荆是先开花后长叶的树种，观之让人有枝叶扶疏、花团锦簇的纯粹之感。

皱叶椒草

学名：*Peperomia caperata*

别名：皱叶豆瓣绿、四棱椒草

科属：胡椒科椒草属

茎的性质：多年生常绿草本

原产地：原产于南美洲和热带地区

花期：夏季

花色：浅黄色、浅绿色

习性　喜半日照或明亮的散射光。生长适温为25℃～28℃，越冬温度不得低于12℃。喜温暖湿润环境和排水良好的沙壤土,不耐积水,但喜欢空气湿度大的环境。

植物功效

皱皮椒草叶面褶皱，吸附空气中的粉尘能力很强，能有效地改善空气质量，对人体健康十分有益。

摆放位置

皱叶椒草株型娇小玲珑，生长茂盛，四季常青，是常见的小型观叶植物。不仅能盆栽摆设在客厅、书房内，还可垂吊在室内欣赏。

Tips　皱叶椒草易得炭疽病，主要是因为空气湿度大，叶片上的水分长时间无法干掉，易导致病害的发生。栽植时做好通风管理，尽量选择上午浇水，每半个月用甲托、百菌清、福美双等杀菌剂定期防治一次。

西洋杜鹃

以白盆相衬的西洋杜鹃更显清雅与风情。

学名：*Rhododendron simsii*

别名：比利时杜鹃

科属：杜鹃花科杜鹃属

茎的性质：常绿灌木

原产地：最早在荷兰、比利时育成，现温带、亚热带分布广泛

花期：四季有花，冬春两季较多

花色：红色、橘红色、白色、绿色以及红白相间的复色

习性

喜温暖湿润、空气凉爽、通风和半阴的环境。要求土壤酸性、肥沃疏松、富含有机质、排水良好。夏季忌阳光直射，常喷水，保持空气湿度。

植物功效

西洋杜鹃的叶片表面与背面都有黄色的服帖毛，可以吸附滞留室内的粉尘。叶片通过蒸腾作用，可增加室内空气湿度。西洋杜鹃还可监测二氧化硫与氨气。

摆放位置

西洋杜鹃花绚丽多彩，品种繁多，可将其放在客厅、书房观赏，使人赏心悦目。也可种植在庭院中，显得古朴雅致，更具风情。

Tips 西洋杜鹃的栽培管理方法简单易行。但其易受褐霉病危害，尤其在高温多湿的梅雨季，必须及早预防，可用等量式波尔多液或50%多菌灵可湿性粉剂1500倍液喷洒。夏秋季易受红蜘蛛和军配虫危害。

夹竹桃

夹竹桃花期很长，开花时，满树缤纷。

学名：*Nerium indicum*

别名：红花夹竹桃、柳叶桃树、洋桃、叫出冬、柳叶树、洋桃梅、枸那

科属：夹竹桃科夹竹桃属

茎的性质：常绿大灌木

原产地：原产于印度、伊朗和尼泊尔，现中国各省区均有栽培，尤以中国南方居多

花期：夏秋季

花色：桃红色、粉红色、白色

习性

喜温暖湿润的气候，耐寒力不强，在中国长江流域以南地区可以露地栽植。在北方只能盆栽观赏，室内越冬。不耐水湿，要求选择高燥和排水良好的地方栽植，喜光好肥，也能适应较阴的环境，但在庇荫处栽植花少色淡。

植物功效

夹竹桃被称作"环保卫士"，其吸尘、滞尘的能力很强，对二氧化硫、氟化氢、氯气等有害气体也有较强的抵抗能力。

摆放位置

夹竹桃开花时花团锦簇，鲜艳动人，最适在庭院中露地栽培，很少栽种在花盆中观赏，需要注意的是夹竹桃全株有毒，切记不要让儿童及宠物误食。

Tips

夹竹桃是最毒的植物之一，包含了多种毒素，有些夹竹桃甚至是致命的。桃色夹竹桃的花语为"咒骂，注意危险"；黄色夹竹桃的花语为"深刻的友情"。

多色混植的长寿花，不仅美观，"长寿"的寓意也很讨人喜爱。

学名：*Kalanchoe blossfeldiana*

别名：圣诞伽蓝菜、圣诞长寿花、矮生伽蓝菜、寿星花、家乐花、伽蓝花

科属：景天科伽蓝菜属

茎的性质：多年生肉质草本

原产地：原产于非洲的马达加斯加

花期：2~5月

花色：绯红色、桃红色、橙红色、黄色、橙黄色、白色等

习性

喜温暖稍湿润和阳光充足的环境。不耐寒，生长适温为15℃~25℃，夏季高温超过30℃，则生长受阻，冬季室内温度需12℃~15℃。低于5℃，叶片发红，花期推迟。耐干旱，对土壤要求不高，以肥沃的沙壤土为好。

植物功效

长寿花叶片肥厚，能强有效地吸附空气中的粉尘。夜晚可以吸收二氧化碳，释放氧气。长寿花的花香还能杀死空气中的病原菌，是室内必不可少的盆栽花卉。

摆放位置

长寿花植株小巧玲珑，叶片翠绿，花朵密集，且寓意良好，多布置在窗台、书桌、案几上，具有很高的观赏价值，是理想的室内盆栽花卉。

Tips

长寿花因为开花临近圣诞节，且花期较长，因此成为人们衬托节日气氛的节日用花。由于名为"长寿"，故节日期间赠送亲朋好友一盆，寓意大吉大利、长命百岁，非常合宜，讨人喜欢。

网纹草

翠绿色叶面上交错着白色的细致网纹，十分美丽。

学名：*Fittonia verschaffeltii*

别名：费道花、银网草

科属：爵床科网纹草属

茎的性质：多年生常绿草本

原产地：南美洲热带地区

花期：9～11月

花色：黄色

习性

喜高温多湿和半阴环境，对温度特别敏感，生长适温为18℃～24℃，生长期需较高的空气湿度，光照以散射光最好，忌直射光，宜用含腐殖质丰富的沙壤土。

植物功效

网纹草的茎枝、叶柄、花梗均被有细小的绒毛，能强有效地吸附粉尘。但是叶片长期覆有粉尘，会对其生长不利，需经常用湿抹布将粉尘抹掉。

摆放位置

网纹草精巧玲珑，叶脉清晰，叶色淡雅，纹理匀称，深受人们喜爱。盆栽种植可用于装饰布置书房、茶几、窗台等处，也可用作吊挂装饰栽培。

Tips

网纹草水培的方法：

1. 准备水培框。
2. 将网纹草从土中取出，尽量不要伤到根，将泥土清洗干净。
3. 将网纹草放入水培框，让根系的2/3浸入水中，另外1/3露在空气中呼吸，然后放在没有阳光直射到的地方养护即可。

鸡蛋花

学名：*Plumeria rubra* 'Acutifolia'

别名：缅栀子、蛋黄花

科属：夹竹桃科鸡蛋花属

茎的性质：落叶小乔木

原产地：原产于墨西哥，现广植于亚洲热带及亚热带地区

花期：3~9月

花色：乳白色、黄色、红色

习性

性喜高温湿润和阳光充足的环境。耐干旱，忌涝渍，抗逆性好。耐寒性差，最适宜生长的温度为20℃~26℃，越冬期间长时间低于8℃易受冷害。以深厚肥沃、通透良好、富含有机质的酸性沙壤土栽植为佳。

植物功效

鸡蛋花叶片大，叶脉清晰，可以很好地吸附空气中微小的灰尘，还可以通过光合作用吸收大量的二氧化碳并释放氧气，使空气洁净清新。另外，鸡蛋花还有驱赶蚊虫的作用。

摆放位置

鸡蛋花有很强的观赏性，花香浓烈，花朵可提取精油，还可入药。其大多孤植在庭院中，也可制作成盆栽，摆放在宽敞的客厅等处，别有一番韵味。

Tips

鸡蛋花的花语是"孕育希望，复活，新生"。鸡蛋花除了白色之外，还有红、黄两种，都可提取香精供制造高级化妆品、香皂和食品添加剂，价格颇高，极具商业开发潜力。在广东地区常将白色的鸡蛋花晾干作为凉茶饮料。鸡蛋花的木材为白色，质轻而软，可制乐器、餐具或家具。

罗汉松

学名：*Podocarpus macrophyllus*

别名：罗汉杉、长青罗汉杉、土杉、金钱松、仙柏、罗汉柏

科属：罗汉松科罗汉松属

茎的性质：常绿针叶乔木

原产地：原产于中国和日本，常栽培于庭院作观赏树，野生罗汉松极少

花期：无花，孢子叶球4～5月开

花色：孢子叶球白色

习性　喜温暖湿润气候，耐寒性弱，耐阴性强，喜排水良好、湿润的沙壤土，对土壤适应性强，盐碱土上亦能生存，抗病虫害能力强。

植物功效

罗汉松不管是叶片还是枝干，都能吸附灰尘，并能吸收空气中的污染气体，对二氧化硫、硫化氢、氧化氮等多种污染气体抗性较强，能保持空气的洁净。

摆放位置

罗汉松多制作成盆景以供观赏，树形姿态秀雅，苍劲挺拔，给人雅致高洁之感。制作盆景形式多样，颇有雅趣，是非常受欢迎的室内观赏植物。可摆放在案几、书房、茶室等地。

Tips　罗汉松神韵清雅挺拔，自有一股雄浑苍劲的傲人气势，追求庭院美化的人往往喜欢种上一两株罗汉松，观赏性极佳。

广玉兰

学名： *Magnolia Grandiflora*

别名： 洋玉兰、荷花玉兰

科属： 木兰科木兰属

茎的性质： 常绿乔木

原产地： 原产于美国东南部，现主要分布在北美洲、中国的长江流域及以南地区

花期： 5～6月

花色： 白色

习性

性喜光，幼时稍耐阴。喜温湿气候，有一定抗寒能力。喜干燥、肥沃、湿润与排水良好的微酸性或中性土壤，在碱性土壤中种植易发生黄化，忌积水、排水不良。根系深广，抗风力强。

植物功效

广玉兰具有较强的抗毒能力，对二氧化硫、氯气、氟化氢等有害气味均有一定的吸收能力和抵抗力，也耐烟尘，净化空气的效果很好，适合栽种在工厂周边和道路两侧。

摆放位置

广玉兰姿态雄伟挺拔，叶片宽大，其花朵形似荷花且芳香馥郁，适合栽种在宽敞的庭院，不宜盆栽。

Tips

广玉兰花语为"美丽、高洁、芬芳、纯洁"。广玉兰花含芳香油。由于其花朵形似荷花，故又称"荷花玉兰"。广玉兰的花和树皮可入药，主治高血压。

清香木

学名：*Pistacia weinmannifolia*

别名：清香树、细叶楷木、香叶子、
紫油木、虎斑檀

科属：漆树科黄连木属

茎的性质：灌木或小乔木

原产地：原产于中国云南、西藏、四
川、贵州、广西

花期：3月

花色：紫红色

习性
清香木为阳性树，喜温暖，喜光照充足，亦稍耐阴，植株能耐零下10℃低温，但
幼苗的抗寒能力不强，需加以保护。宜生长于土层深厚且不易积水的土壤中。

植物功效

清香木植株叶片能散发出浓烈的胡
椒香味，可以清新室内空气。能吸收空
气中的油烟、粉尘，还能驱除蚊虫和蟑
螂等害虫。

摆放位置

清香木叶片细密而碧绿，气味清
香，常作为观叶小盆栽。因其叶片散发
的气味可杀菌、驱除蚊虫，故可放在厨
房、卫生间等地。

Tips

清香木的叶可提取芳香油，将其晒干后碾细可作为寺庙供香的原料。清
香木的叶子和树皮可入药，有消炎解毒及收敛之效。树皮可提取单宁，
可作为药物、化妆品以及鞣革的原料。另外，清香木果实中含有的油脂
可起到固齿的作用。

春季的鸡爪槭叶色黄中带绿，在阳光的照射下，相互映衬，十分美丽。

238

学名：*Acer palmatum*

别名：鸡爪枫、槭树

科属：槭树科槭属

茎的性质：落叶小乔木

原产地：分布于中国华东、华中至西南等省区，朝鲜和日本也有分布

花期：5月

花色：紫色

习性

喜半阴环境，夏日怕日光暴晒，抗寒性强，能忍受较干旱的气候条件。多生于阴坡湿润的山谷，耐酸碱，较耐燥，不耐水涝。适应于湿润且富含腐殖质的土壤。

植物功效

鸡爪槭对二氧化硫和烟尘抗性较强。其叶片能很好地吸附灰尘，吸收有害气体，释放氧气，净化空气，常作为行道树和公园绿化树种。

摆放位置

秋季的鸡爪槭叶色由绿转红，独特的叶色和叶形在阳光的照射下显得活泼轻盈，最适用来装饰庭院，秋风起，红叶落，别有一番韵味。

Tips

鸡爪槭的枝、叶可作药材，夏季采收枝叶，晒干，切段。煎汤内服能行气止痛，解毒消痈。

枇杷

每年的四五月份，是枇杷果挂满枝条的季节。

学名：*Eriobotrya japonica*

别名：芦橘、金丸、芦枝

科属：蔷薇科枇杷属

茎的性质：常绿小乔木

原产地：中国、日本、印度、越南、缅甸、泰国、印度尼西亚

花期：10～12月

花色：白色

习性

性喜光，稍耐阴，喜温暖湿润的气候和排水良好的土壤，稍耐寒，不耐严寒。生长缓慢，在平均温度12℃～15℃以上，冬季不低于零下5℃的地区，都能生长良好。

植物功效

枇杷的小枝、叶背和花果均密生锈色或灰棕色绒毛，因此吸附灰尘的能力非常强。它还能有效地吸收空气污染物，起到使空气清新洁净的作用。

摆放位置

枇杷果可润肺止咳，其果和叶还能抑制流感病毒，因此多食枇杷能预防感冒。枇杷除植于公园外，也常植于庭院，作为园艺观赏植物。

Tips

成熟的枇杷味道甜美，营养颇丰，含果糖、葡萄糖、钾、磷、铁、钙以及维生素A、B、C等多种营养成分。中医认为枇杷果实有润肺、止咳、止渴的功效。但需注意吃枇杷时要剥皮。除了鲜吃外，可将枇杷肉制成糖水罐头，或以枇杷酿酒。

铁十字秋海棠

习性

学名：*Begonia masoniana*

别名：马蹄海棠

科属：秋海棠科秋海棠属

茎的性质：常绿草本

原产地：原产于中国和马来西亚

花期：5～7月

花色：黄色

喜温暖湿润气候，冬季温度不得低于10℃。夏季要求凉爽、半阴和空气湿度大的环境，温度以22℃～25℃为宜，不耐高温，超过32℃则生长缓慢，怕强光直射。喜疏松、排水良好、富含腐殖质的壤土。

植物功效

铁十字秋海棠因全身生有浓密的纤毛，且叶面粗糙，所以具有很强的吸附粉尘的能力，能有效地保持空气的清新。

摆放位置

铁十字秋海棠较耐阴，其叶片独特，且具有很强的吸附粉尘的能力，可以摆放在粉尘较多的居室中，极适合室内装饰栽培。

Tips

铁十字秋海棠在夏季生长旺盛期，除充分浇水外，还需注意要在叶片上喷水，保持较高的空气湿度，但盆内不能积水。每周施肥1次，以氮、钾肥为主。盛夏切忌强光暴晒，需遮阴。冬季移入室内栽培，随气温下降，逐渐多见阳光并适当加温。

法国冬青

学名：*Viburnum odoratissimum*

别名：日本珊瑚树、珊瑚树、早禾树

科属：忍冬科荚蒾属

茎的性质：常绿灌木或小乔木

原产地：原产于中国浙江（普陀、舟山）和中国台湾地区，长江下游各地常见栽培，日本和朝鲜南部也有分布

花期：5～6月

花色：浅黄色

习性　耐阴、喜光。喜温暖湿润气候，在潮湿肥沃的中性壤土中生长旺盛。稍耐阴，不耐寒。

植物功效

法国冬青对烟尘、粉尘有很强的吸附作用，其杀菌抑菌的能力也很强，还能吸收氟化氢、氯气、臭氧等多种有害气体。此外，法国冬青还可降低种植环境的噪声，是城市绿化不可缺少的一员。

摆放位置

法国冬青叶色浓绿，耐修剪，在园林中常作绿篱及绿雕，也可栽培在庭院墙边美化墙体。

Tips　法国冬青的木材是可供细工的原料。根和叶可入药，广东民间以鲜叶捣烂外敷治跌打肿痛和骨折。亦可作兽药，治牛、猪感冒发热和跌打损伤。

水杉

深秋时节，水杉叶色金黄，十分美丽。

学名：*Metasequoia glyptostroboides*

别名：水桫

科属：杉科水杉属

茎的性质：落叶乔木

原产地：分布于中国的四川石柱县、湖北利川市一带及湖南西北部龙山及桑植等地

花期：无花，孢子叶球2月下旬

花色：孢子叶球黄绿色

习性

喜光性强，对环境条件的适应性较强。在零下47℃～零下34℃的低温条件下能在野外越冬生长。适合生长在气候温和、夏秋多雨、酸性黄壤土地区。

植物功效

水杉是国家一级濒危物种，它不仅能吸烟滞尘、涵养水源，还对二氧化硫有一定的抵抗能力，是工矿区绿化及荒山荒地绿化的优良树种。

摆放位置

水杉在园林中最适于列植，也可丛植、片植，可用于堤岸、湖滨、池畔、庭院等绿化，也可盆栽，常制作成水杉盆景，其姿态优雅古朴，最适用来装点客厅、书房。

Tips

水杉是世界上珍稀的子遗植物。远在中生代白垩纪，地球上已出现水杉类植物，并广泛分布于北半球。第四纪冰期以后，这类植物几乎全部绝迹。20世纪40年代中国的植物学家在湖北、四川交界的谋道溪发现了幸存的水杉巨树，树龄约400余年。

石榴

秋天，石榴果实压弯了枝条。

学名：*Punica granatum*

别名：安石榴、山力叶、丹若、若榴木、金罂、金庞、涂林、天浆

科属：石榴科石榴属

茎的性质：落叶乔木或灌木

原产地：原产于巴尔干半岛至伊朗及其邻近地区，现全世界的温带和热带都有种植

花期：5～6月

花色：红色、粉红色、玛瑙色、白色、黄色等

> **习性**
>
> 喜温暖向阳的环境，不耐荫蔽，耐旱、耐寒，也耐瘠薄，不耐涝。对土壤要求不高，但以排水良好的沙壤土栽培为宜。

植物功效

石榴为较常见的园林绿化植物，它的花和叶片可以吸附空气中的灰尘和油烟，可净化室内的空气。

摆放位置

石榴花期长，花色鲜艳，可观花赏果，同时果实还能食用。盆栽常制作成盆景，摆放在案几、书房观赏。大棵的石榴则种植在庭院。

Tips 石榴成熟后，全身都可用，果皮可入药，果实可食用或压汁，有很高的营养价值，对老年人的身体健康有益，所以老人应该常吃石榴。中医认为，石榴具有清热、解毒、平肝、补血、活血和止泻的功效，适合黄疸型肝炎、哮喘和久泻的患者及经期过长的女性食用。

春羽

学名：*Philodendron selloum*
别名：春芋
科属：天南星科喜林芋属
茎的性质：多年生常绿草本
原产地：原产于巴西、巴拉圭等地，我国华南亚热带常绿阔叶地区有栽培
花期：春季
花色：白色

习性

喜高温多湿环境，对光线的要求不严格，不耐寒，耐阴暗，在室内光线微弱之地，均可盆养。喜肥沃疏松、排水良好的微酸性土壤。生长适温为20℃~30℃，冬季温度不低于5℃。

植物功效

春羽叶片可吸附空气中的粉尘颗粒，并能提高空气湿度，还可吸收二氧化硫、一氧化氮、甲醛、氨气等气体污染物并转化为自身养分，净化空气效果很好。

摆放位置

春羽叶片巨大，呈粗大的羽状深裂，浓绿色，且富有光泽，同时它又耐阴，是极好的室内喜阴观叶植物。它适合布置在客厅、书房等处，也可栽种在庭院一角，给人以热带雨林的气息。

Tips

春羽常见的病害有叶斑病、炭疽病等，可用多菌灵、甲基托布津、代森锌等可湿性粉剂进行防治，效果明显。虫害主要有红蜘蛛、介壳虫，可喷施专杀药剂进行防治。另外，防治红蜘蛛可以通过增加空气湿度来预防，加强通风可预防介壳虫。

栾树

学名：*Koelreuteria paniculata*

别名：木栾、栾华、乌拉、乌拉胶、黑色叶树、石栾树

科属：无患子科栾树属

茎的性质：落叶乔木或灌木

原产地：分布于中国大部分省区，世界各地均有栽培

花期：6～8月

花色：淡黄色

习性

喜光，稍耐半阴，耐寒，不耐水淹，耐干旱和瘠薄，对环境的适应性强，喜欢生长于石灰质土壤中，耐盐渍及短期水涝。

植物功效

栾树小枝、叶轴和叶背面均被短绒毛，吸尘滞尘的能力较强，对二氧化硫和臭氧等气体污染物均有较强的抗性，能改善局部小气候，达到净化空气的效果。

摆放位置

栾树夏季黄花满树，散发淡淡香气，常栽培作行道树或庭院种植树，其适应性强，我国北方广泛种植。

Tips

栾树可提制栲胶，花可作黄色染料，也可药用，叶可作蓝色染料，种子可榨油。木材为黄白色，易加工，可制家具。因其栾果能做佛珠用，故寺庙多有栽种。栾树花作药用可清肝明目。

大叶黄杨

大叶黄杨萌枝力强，通过修剪，能塑造多种造型。

学名：*Buxus megistophylla*

别名：冬青卫矛、正木

科属：黄杨科黄杨属

茎的性质：常绿灌木或小乔木

原产地：产于中国贵州、广西、广东、湖南、江西

花期：3~4月

花色：黄色

习性

喜光，稍耐阴，有一定耐寒力，在淮河流域可露地自然越冬，华北地区需保护越冬，在东北和西北的大部分地区均作盆栽。对土壤要求不高，在微酸、微碱土壤中均能生长，在肥沃和排水良好的土壤中生长迅速，分枝也多。

植物功效

大叶黄杨是优良的园林绿化树种，其抗性强，还能吸附粉尘，叶子可以有效地吸收空气中的污染气体，并将其转化为自身能够吸收的物质，释放出氧气。

摆放位置

大叶黄杨萌枝力强，十分耐修剪，常将其栽种在道路两旁、公园草坪中做绿化，家庭栽培可以对植或孤植在庭院中，修剪成不同造型，观赏价值高。

Tips 大叶黄杨木材细腻质坚，色泽洁白，不易断裂，是制作筷子、棋子的上等木料。

八角金盘

学名：*Fatsia japonica*

别名：八金盘、八手、手树、金刚纂

科属：五加科八角金盘属

茎的性质：常绿灌木或小乔木

原产地：原产于日本南部，中国华北、华东及云南昆明地区有栽种

花期：10~11月

花色：黄白色

习性

喜温暖湿润的气候，耐阴，不耐干旱，有一定耐寒力。宜种植在排水良好和湿润的沙壤土中。

植物功效

八角金盘宽大的叶片能吸附空气中的粉尘。它还能吸收人体呼出的废气，释放氧气，使空气得到净化。

摆放位置

八角金盘四季常青，叶片油光青翠，开出的花也十分雅致，种植在庭院的墙边、墙角等背阴处可生长得绿意盎然，栽种在大花盆中摆放在门厅也能为居室增添绿意。

Tips 八角金盘象征坚强、有骨气，它的花语是八方来财、聚四方财气、更上一层。还可做药用，主治咳嗽痰多、风湿痹痛、痛风、跌打损伤。

鹅掌柴

学名: *Schefflera octophylla*

别名: 鸭掌木、鹅掌木

科属: 五加科鹅掌柴属

茎的性质: 常绿灌木

原产地: 原产于大洋洲、南美洲和中国广东、福建等地的亚热带雨林，日本、越南、印度也有分布，现广泛种植于世界各地

花期: 11~12月

花色: 白色

习性

喜温暖湿润的半阴环境。生长适温为16℃~27℃，在30℃以上的高温条件下仍能正常生长，冬季温度不低于5℃。土壤以肥沃、疏松和排水良好的沙壤土为宜。

植物功效

鹅掌柴属大型盆栽植物，可以吸附粉尘、吸收二氧化碳，释放氧气。叶片还能吸收尼古丁、甲醛和其他空气中的有害物质，每小时可降低甲醛含量约9毫克。

摆放位置

鹅掌柴多是大型的室内盆栽植物，适用于布置在客厅、书房和卧室，同时也可放在阳台上观赏。家里有吸烟者，也可以摆放一盆鹅掌柴。

Tips

鹅掌柴易萌发徒长枝，平时要注意整形修剪，以促进侧枝萌生，保持良好的树形。幼株进行疏剪和轻剪，以造型为主。老株体形过于庞大时，可结合换盆进行重剪，剪除大部分枝条，同时也须将根部切去一部分，重新盆栽，使新叶萌发。

茑萝松

茑萝松羽毛状的叶子配以星形的小红花，远远看去十分独特。

学名：*Quamoclit pennata*

别名：茑萝、五角星花、羽叶茑萝、锦屏封、金丝线、绕龙花

科属：旋花科茑萝属

茎的性质：一年生缠绕草本

原产地：原产于热带美洲，现广布于全球温带及热带

花期：7~10月

花色：鲜红色

习性

喜温暖湿润环境，不耐寒，能自播。短日照植物，开花期需阳光充足，夏季要适当遮阴。具有较强的抗逆性，管理简便。要求种植于肥沃、排水性好的土壤中。

植物功效

茑萝松的枝叶繁茂，能有效地吸附灰尘，保持空气的清新。还可通过叶片的光合作用吸收大量的二氧化碳，并释放出氧气，调节空气中的碳氧平衡。

摆放位置

茑萝松枝蔓纤细秀丽，形态优美，盆栽常作为室内观赏植物。可垂吊挂在室内窗前，婀娜多姿，极富韵味。

Tips

"茑萝"取意于"茑与女萝，施于松柏"，即本意是附生于松柏的、像菟丝子、松萝一样的柔弱藤本。

银杏

秋天的银杏树叶色金黄，秋风拂过，叶子纷纷飘落。

学名：*Ginkgo biloba*

别名：白果、公孙树、鸭脚树、蒲扇

科属：银杏科银杏属

茎的性质：落叶大乔木

原产地：中国、朝鲜、日本、欧洲及美国

花期：无花，有孢子叶球，4月开

花色：孢子叶球黄绿色

习性

喜光树种，深根性，对气候、土壤的适应性较强，能在高温多雨或雨量稀少、冬季寒冷的地区生长，但生长缓慢或不良；不耐盐碱土及过湿的土壤，宜在土层深厚、肥沃湿润、排水良好的地区种植。

植物功效

银杏可以净化空气，具有抗污染、抗烟火、抗尘埃等功能。可减少空气中的悬浮物含量，提高空气质量。是集生态、观赏于一体的优秀树种。

摆放位置

银杏树高大挺拔，叶似扇形。宽敞的庭院适合对植两棵银杏树，夏天树下乘凉，秋天赏叶观果。银杏也是盆景中常用的树种，摆放在室内给人以苍劲潇洒之感。

Tips

食用银杏果可以抑菌杀菌，祛痰止咳，止带浊和降低血清胆固醇。另外，银杏可以降低脂质过氧化水平，减少雀斑，润泽肌肤，美丽容颜。银杏叶中的黄酮甙与黄酮醇都是自由基的清道夫，能保护真皮层细胞，改善血液循环，防止细胞被氧化产生皱纹。

花叶冷水花

学名：*Pilea cadierei*
别名：白斑叶冷水花、金边山羊血
科属：荨麻科冷水花属
茎的性质：多年生草本
原产地：原产于越南中部山区，现中国各地温室与中美洲常有栽培，供观赏用
花期：9~11月
花色：浅黄色

习性

花叶冷水花性喜温暖湿润的气候，耐阴性强，喜阳光充足，但要避免强光直射。喜排水良好、疏松肥沃的沙壤土，生长适温为15℃~25℃，冬季不可低于5℃。

植物功效

花叶冷水花叶片凹纹明显，放置于室内，能强有效地吸附空气中的灰尘。还能吸收油烟以及空气中的有害气体，增加空气中的负氧离子含量，提高室内的空气湿度。

摆放位置

花叶冷水花适应性强，养护简单，植株小巧素雅，叶色绿白分明，斑斓美丽，是较为时兴的室内观叶植物，摆放在阳台、花架和案几处再好不过。

Tips

花叶冷水花耐修剪，扦插苗上盆后即可摘心1次，待新生侧枝长至4片叶时，再留2片叶摘心，如此反复，可形成一个多分枝丰满半球状株形。老株生长过高大时，可在春天换盆时留基部2~3节，重剪短截，发新枝后摘心2~3次，又可形成一矮而紧凑的株型。

香樟

学名： *Cinnamomum camphora*

别名： 木樟、乌樟、芳樟树、番樟、香蕊、樟木子

科属： 樟科樟属

茎的性质： 常绿乔木

原产地： 原产于中国、日本

花期： 4～5月

花色： 黄绿色

习性

喜光，稍耐阴；喜温暖湿润气候，耐寒性不强，对土壤要求不高，较耐水湿，但不耐干旱、瘠薄土。主根发达，深根性，能抗风。萌芽力强，耐修剪。

植物功效

香樟有很强的吸烟滞尘、涵养水源、固土防沙和驱蚊除菌的能力。对氯气、二氧化硫、臭氧及氟气等有害气体具有抗性，能吸收这些空气污染物并转化为无毒的物质。

摆放位置

香樟为常绿乔木，树冠广展，枝叶茂密，气势雄伟，是优良的行道树及庭荫树。

Tips

香樟的根、木材、枝、叶均可提取樟脑、樟油。樟脑供医药、塑料、炸药、防腐、杀虫等用，樟油可作农药、选矿、制肥皂及香精等原料；其木材质优，抗虫害、耐水湿，可供建筑、造船、家具、箱柜、板料、雕刻等用。

圆叶竹芋

圆叶竹芋的叶型如青苹果一般，造型古雅自然。

学名：*Calathea orbifolia*

别名：苹果竹芋、青苹果竹芋

科属：竹芋科肖竹芋属

茎的性质：多年生常绿草本

原产地：原产于美洲的热带地区，生长在热带雨林中

花期：一般不易开花

花色：白色

习性

喜温暖湿润的半阴环境，不耐寒冷和干旱，忌烈日暴晒和干热风的吹袭。生长适温为18℃～25℃，应保持盆土湿润而不积水。对空气湿度要求较高，尤其是新叶生长期，应经常向植株喷水，否则会因空气干燥导致叶缘枯焦和新叶难以舒展。

植物功效

圆叶竹芋叶片硕大，蒸腾作用强盛，能吸附空气中的粉尘，提高室内的湿度。同时还能释放大量氧气，增加室内氧气含量。还可以吸收甲醛、二氧化硫等有害气体。

摆放位置

圆叶竹芋株型美观，又具有较强的耐阴性，栽培管理较简单，特别适合室内盆栽观赏，可点缀居室的阳台、客厅、卧室等。需放在光线明亮又无直射阳光处养护。

Tips

圆叶竹芋根茎中含有淀粉，可食用，具有清肺热、利尿等功效。

第6章

8种能防辐射的植物

本章所介绍的植物，在防辐射方面都有很好的效果。

这些植物能吸收周围环境中部分的电磁波辐射和紫外线辐射，若想减少居室内各种电器的辐射，这些植物是极佳的选择。

栀子开花时芳香四溢，花色雪白，很是优雅别致。

学名：*Gardenia jasminoides*

别名：黄栀子、山栀

科属：茜草科栀子属

茎的性质：常绿灌木

原产地：中国

花期：5~7月

花色：白色

习性

性喜温暖湿润气候，好阳光但又不能经受强烈阳光照射，适宜生长在疏松肥沃、排水良好的酸性土壤中，抗有害气体能力强，萌芽力强，耐修剪，是典型的酸性花卉。

植物功效

栀子能吸收空气中的有毒气体，抗二氧化硫能力较强。其浓郁的香味能掩盖掉室内的难闻气味，还有一定的防辐射能力。

摆放位置

栀子枝叶翠绿浓密，花色洁白，花香清雅，闻之令人身心舒适，非常适合作为家养盆栽植物，可放在阳台或向阳的窗台上，但因其花香太浓不宜摆放在卧室，易引起失眠。

Tips

栀子花语是"喜悦"，就如生机盎然的夏天，充满了希望和喜悦。栀子可入药，能清热，泻火，凉血。

苏铁

苏铁为优美的观赏树种，生长甚慢，寿命约 200 年。

学名：*Cycas revoluta*

别名：铁树、凤尾蕉、凤尾松

科属：苏铁科苏铁属

茎的性质：多年生常绿乔木

原产地：中国、日本、菲律宾和印度尼西亚

花期：6~7月

花色：黄色

习性

喜暖热湿润的环境，不耐寒冷。喜光，喜铁元素，稍耐半阴。喜肥沃湿润和微酸性的土壤，但也能耐干旱。生长缓慢，十余年以上的植株可开花。寿命约200年。

植物功效

苏铁主干粗矮而叶片硕大，小型盆栽苏铁可摆放在室内，苏铁的叶子可以吸收和化解周围环境的电磁波辐射，减少室内的辐射污染。

摆放位置

苏铁树形古雅，主干粗壮，坚硬如铁；羽叶洁滑光亮，四季常青，为珍贵观赏树种。在南方多植于庭前阶旁及草坪内，在北方宜作大型盆栽，布置在庭院屋廊及厅室，甚为美观。

Tips

苏铁名字的由来有两种说法，一种说法是因其木质密度大，入水即沉，沉重如铁而得名苏铁；另一种说法为因其生长需要大量铁元素，故而取名苏铁。苏铁茎内含淀粉，可供食用；种子含油和丰富的淀粉，微毒，可供食用和药用，有治痢疾、止咳和止血之功效。

蒲公英

蒲公英有着充满朝气的黄色花朵，花语是"无法停留的爱"。

学名：*Taraxacum mongolicum*

别名：华花郎、蒲公草、食用蒲公英、尿床草、西洋蒲公英、婆婆丁

科属：菊科蒲公英属

茎的性质：多年生草本

原产地：中国、朝鲜、蒙古、俄罗斯

花期：4~9月

花色：黄色

习性

性喜阳光，抗逆性强。抗寒又耐热，叶生长最适温度为20℃~22℃。抗旱、抗涝能力较强。可在各种类型的土壤条件下生长，但最适在肥沃、湿润、疏松、有机质含量高的土壤中栽培。

植物功效

蒲公英有十分重要的药用价值，具有清热解毒、消炎杀菌、健胃、利尿、散结的功能，还能一定程度的吸收紫外线辐射。

摆放位置

蒲公英适应性强，栽培简单，其种子随风飘散，繁殖力强，可栽培在庭院一角，也可盆栽装饰阳台。其植株可食用可药用，是药食兼用的植物。

Tips

蒲公英植物体中含有蒲公英醇、蒲公英素、胆碱、有机酸、菊糖等多种健康营养成分。味甘，微苦，性寒。有利尿、缓泻、退黄疸、利胆等功效。蒲公英可生吃、炒食、做汤，是药食兼用的植物。

昙花只在夜间开花，开花过程仅维持 4 个小时，故有"月下美人"的美誉。

学名：*Epiphyllum oxypetalum*

别名：琼花、昙华、鬼仔花、韦陀花

科属：仙人掌科昙花属

茎的性质：附生肉质灌木

原产地：原产于墨西哥、危地马拉、洪都拉斯、尼加拉瓜、苏里南和哥斯达黎加，现世界各地广泛栽培

花期：6～10月

花色：白色

习性

喜温暖湿润的半阴环境，不耐霜冻，忌强光暴晒，冬季可耐5℃左右的低温。土壤宜用富含腐殖质、排水性能好、疏松肥沃的微酸性沙壤土，否则易沤根。

植物功效

昙花为景天酸代谢植物，在晚间吸收二氧化碳，释放氧气，可提高空气中的氧含量。昙花气味能够杀菌抑菌，摆放在家居电器旁还能防辐射，是不可多得的集美丽与实用为一体的花卉。

摆放位置

昙花花色洁白高雅。常摆放在卧室、书房、客厅等处，不仅净化室内空气环境，更为居室增添高雅之感。

Tips

昙花的花语为"刹那间的美丽，一瞬间的永恒"。昙花不仅美丽，还具有软便去毒，清热疗喘的功效。主治大肠热症、便秘便血、肿疮、肺炎、痰中有血丝、哮喘等症。此外，昙花还兼治高血压及血脂过高，疗效显著。

豆瓣绿

豆瓣绿叶形如豆瓣，显得绿意盎然，富有生机。

学名： *Peperomia tetraphylla*

别名： 椒草、翡翠椒草、青叶碧玉、豆瓣如意、小家碧玉

科属： 胡椒科草胡椒属

茎的性质： 多年生常绿草本

原产地： 原产于西印度群岛、巴拿马、南美洲北部

花期： 2～4月及9～12月

花色： 白绿色

习性

喜温暖湿润的半阴环境。生长适温为25℃左右，最低不可低于10℃，不耐高温，要求较高的空气湿度，忌阳光直射，喜疏松肥沃和排水良好的湿润土壤。

植物功效

豆瓣绿具有很强的净化空气的功能，它能吸收二氧化碳并释放出氧气，还能防辐射，帮助人们缓解疲劳，放松心情。

摆放位置

豆瓣绿株型圆润可爱，叶片富有光泽，以浅色盆栽培可突出其明亮叶色，在客厅、书房中布置一盆豆瓣绿，或置于书架、花架上，可营造出清新优雅的环境。

Tips

豆瓣绿全草可做药用。内服治风湿性关节炎、支气管炎，外敷治扭伤、骨折、痈疮疔肿等。

翠云草羽叶细密，还会发出蓝宝石般的光泽。

学名：*Selaginella uncinata*

别名：龙须、蓝草、蓝地柏、绿绒草

科属：卷柏科卷柏属

茎的性质：多年生草本

原产地：中国中部、西南和南部地区，其他国家也有栽培

花期：无花，有孢子囊

花色：大孢子灰白色或暗褐色，小孢子淡黄色

习性

喜温暖湿润的半阴环境。生于海拔为40～1000米的山谷林下，或多腐殖质土壤及溪边阴湿杂草中，以及岩洞内、湿石上、石缝中。

植物功效

翠云草作为盆栽观叶植物，株态奇特，羽叶似云纹，四季翠绿，并有蓝绿色荧光，清雅秀丽，既能调节室内空气，消除污染，又能醒脑提神。

摆放位置

翠云草适合家庭居室的装饰、绿化、美化。置放案头、茶几之上或在室内角隅的高脚花架上，显得绿意潇洒，景色悠然，有生气勃勃之感。

Tips

翠云草可全草入药。全年可采，鲜用或晒干均可。可清热利湿，止血，止咳。用于急性黄疸型传染性肝炎，胆囊炎，肠炎，痢疾，肾炎水肿，泌尿系感染，风湿关节痛，肺结核咯血。外用治疗肿，烧烫伤，外伤出血，跌打损伤。

熊童子

学名：*Cotyledon tomentosa*

别名：熊掌、绿熊

科属：景天科银波锦属

茎的性质：多年生肉质草本植物

原产地：南非原开普省

花期：7~9月

花色：黄色

习性　喜温暖干燥、阳光充足、通风良好的环境。夏季温度过高会休眠。忌寒冷和过分潮湿。

植物功效

熊童子株型奇特，四季翠绿，清雅秀丽，能调节室内空气，放在电脑桌前还能吸引部分来自电脑的电磁辐射。

摆放位置

熊童子株型不大，分枝繁多，玲珑秀气，体形文雅，独特漂亮，可作室内小型盆栽。绿色叶片密布白色绒毛，很像熊掌，可用小型工艺盆栽种点缀书桌、窗台等处。

Tips　当夏季温度超过35℃时，植株进入休眠期，生长停滞，会自动减少或停止水分吸收。此时应减少浇水，防止因盆土过度潮湿引起根部腐烂，同时应适当遮阴，防止烈日晒伤向阳叶片，留下疤痕。

虹之玉

学名：*Sedum rubrotinctum*

别名：耳坠草

科属：景天科景天属

茎的性质：多年生肉质草本

原产地：原产于北非、西亚的干旱地区，现中国多地有分布

花期：5~11月

花色：黄色或紫红色

习性

喜温暖及昼夜温差明显的环境，对温度的适应性较强，在10℃~28℃时均可良好生长。秋冬季节气温降低，光照增强，肉质叶片逐渐变为红色，因此栽培过程中人为降温可提高观赏价值，冬季室温不宜低于5℃。

植物功效

虹之玉的叶子在秋天的低温和强阳光下会变成鲜艳的红色，摆放在电脑旁还可以吸收来自电脑的辐射。

摆放位置

虹之玉叶尖处略呈透明状，叶片红绿相间，色泽鲜艳，适于美化阳台、窗台等光照条件好的地方，秋季摆放在阳台上，强烈的阳光能使虹之玉变成鲜艳的红色。

Tips

虹之玉病害较少，偶尔会发生叶斑病和茎腐病。叶斑病主要是由于通风不良且空气湿度较大引起的，改善通风状况可预防叶斑病；茎腐病多是由于冬季环境过于潮湿引发的，避免冬季频繁浇水，保持盆土稍微干燥即可。

索引